AF566089

Rudolf Dick

HOLZWERKZEUGE SCHÄRFEN

Vom Stecheisen bis zum Bohrer – wie Sie mit traditionellen Mitteln die schärfsten Schneiden erzeugen

Rudolf Dick

Holzwerkzeuge schärfen

1. Auflage, 2013

ISBN 978-3-938711-66-8

Wieland Verlag GmbH, Rosenheimer Straße 22, D-83043 Bad Aibling
Telefon 08061/38998-0, Fax 08061/38998-20
Internet: www.wieland-verlag.com
E-Mail: info@wieland-verlag.com

Fotos: Dr. Ing. Rudolf Dick (Seite 19, 20 unten, 41, 56, 57, 102, 115, 120, 127, 169, 200),
Hans J. Wieland (übrige Fotos)

Umschlaggestaltung und Layout: Caroline Wydeau

Druck: Graspo CZ

Printed in EU

INHALT

ÜBER DEN AUTOR

Der 1956 geborene, an der TU München studierte und im Fachbereich Umformtechnik promovierte Maschinenbauingenieur hatte als langjähriger Geschäftsführer der Dick GmbH, Feine Werkzeuge, seit jeher großes Interesse am kreativen Zusammenwirken von Werkzeug, Mensch und Material. Der Grundstock wurde schon in der Werkstatt seines Vaters gelegt, der einen kleinen Betrieb für die Herstellung von Musikinstrumentenbedarf führte. Der Funke sprang endgültig über bei einem Praktikum in der Werkzeugmacherei der ehemaligen Deggendorfer Werft, wo unter Anleitung eines Meisters vom „Alten Schlag" geschmiedet und geschärft wurde.

Nach einer mehrjährigen Tätigkeit in der technischen Unternehmensberatung trat Dr. Rudolf Dick in den elterlichen Betrieb ein, den er zusammen mit seinem Bruder Heinrich zu einem der weltweit führenden Anbieter hochwertiger Handwerkzeuge weiterentwickelte. Vor allem im Kontakt mit den Werkzeugschmieden und Handwerkern Japans reifte bei ihm das Bewusstsein, dass ein Schneidwerkzeug mehr sein kann als ein nur der Funktion gehorchendes, mechanisches Gerät. Stecheisen, Hobel, Schnitzbeitel oder Messer haben – davon ist Rudolf Dick überzeugt – eine Seele. Durch die Patina des Gebrauchs ebenso wie durch die Spuren des Nachschärfens werden sie zu einem einzigartigen und unverwechselbaren Ausdrucksmittel ihres Benutzers. Je höher der Anspruch an das kreative Schaffen ist, desto wichtiger wird dieser persönliche Bezug zum Werkzeug.

Dr. Ing. Rudolf Dick

Dr. Dick lebt im niederbayerischen Deggendorf, wo er neben seiner Tätigkeit als beratender Ingenieur die vorgestellten Schärfmethoden in der eigenen Versuchswerkstatt erprobt.

Kontakt: www.rudolfdick.de

DANKSAGUNG

Die Inhalte dieses Buchs beruhen auf den praktischen Erfahrungen zahlloser Handwerker, die für ihre berufliche Tätigkeit auf scharfes Werkzeug angewiesen sind, vom Geigenbauer bis zum Kunsttischler. Ich bin zu großem Dank dafür verpflichtet, dass sie dieses, oft durch jahrzehntelange Praxis angeeignete Wissen, so bereitwillig mit mir geteilt haben. Besonders erwähnen darf ich die wertvollen Anregungen von Annelie Kremer, Peter Winklhofer und Günter Friese. Harald Welzel danke ich für seine Unterstützung bei der Erstellung der Anwendungsfotos und Zeichnungen, Prof. Dr. Thomas Petersmeier für die Herstellung der Schliffbilder und nicht zuletzt Hans Joachim Wieland für die umfangreichen Fotoarbeiten und das Lektorat.

Dr. Rudolf Dick

HINWEISE:

Generische Schreibweise: Im Text wird aus Gründen der besseren Lesbarkeit die traditionelle Schreibweise ohne „Binnen-I" verwendet, also beispielsweise Handwerker statt HandwerkerInnen.

Linkshänder: Alle Beschreibungen und Abbildungen sind auf Rechtshänder bezogen. Für Linkshänder gilt die Darstellung analog. Der Grund liegt allein in der leichteren Lesbarkeit und Übersichtlichkeit der Inhalte.

VORWORT

„Der Mensch ist ein Werkzeug gebrauchendes Tier. Ohne Werkzeuge vermag er nichts.“, befand der schottische Sozialhistoriker Thomas Carlyle (1795-1881). Tatsächlich zieht sich der Gebrauch und das damit verbundene Schärfen von Schneidwerkzeugen wie ein roter Faden durch die 2,5 Millionen Jahre der Menschheitsgeschichte. Unseren steinzeitlichen Vorfahren verhalf der scharfkantig geschlagene Feuerstein zur Überlegenheit gegenüber den Tieren.

Das Schicksal ganzer Völker entschied sich an der Qualität der Schneidwerkzeuge. So musste sich das bronzezeitliche ägyptische Pharaonenreich nicht zuletzt deshalb den vordringenden Hethitern beugen, weil diese bereits die Kunst der Eisenerzeugung beherrschten und somit standfestere Waffen herstellen konnten. Die japanische Hochkultur des sakralen und profanen Holzbaus nahm vor 1300 Jahren ihren Aufschwung mit der Einführung eiserner Werkzeuge und dem Wissen um ihre Härtung. Die von England ausgehende Industrialisierung der westlichen Welt wäre undenkbar gewesen ohne scharfe Drehwerkzeuge, Bohrer und Fräser.

Jeder Handwerker wird bestätigen, dass mit scharfem Werkzeug die Arbeit nicht nur leichter von der Hand geht, sondern auch genauer und sicherer wird. Doch scharfe Schneiden haben auch etwas mit der Freude am kreativen Arbeiten zu tun. Was gibt es für den Holzwerker Schöneres, als mit dem Putzhobel hauchdünne Späne von einem Brett abzuziehen, um so die Schönheit des Holzes ungeschminkt zur Geltung zu bringen? Oder mit dem Schnitzbeitel das Innenleben eines Stammes zu ergründen und sich dabei am aromatischen Duft des frisch geschnittenen Holzes zu erfreuen? Spätestens wenn präzise ausgestochene Schwalbenschwanzzinken sich nahtlos ineinander fügen, dann schlagen Tischlerherzen höher.

Dass dennoch das Schleifen der Werkzeuge meist als lästige Pflicht empfunden wird, hat nicht nur mit mangelndem Wissen zu tun, sondern auch mit den vorherrschenden Schärfmethoden. Wenn am elektrischen Schleifbock die Funken sprühen, geht jedes Gespür für die im Mikrobereich ablaufende Interaktion von Stahl und Schleifmittel verloren. Meist wird unnötig viel Material abgetragen und nicht selten die Schneide überhitzt.

Aus diesem Grund favorisieren wir das traditionelle Schärfen von Hand, nach Möglichkeit auf Wassersteinen. Dabei können wir uns mit allen Sinnen und ohne die Gefahr von Funkenflug auf das Wesentliche konzentrieren: die Erzeugung geometrisch exakter Schneiden, die hinsichtlich der Schärfe und Standzeit nicht zu übertreffen sind. Nicht ohne Grund wird die schärfste aller Klingen, das japanische Schwert, seit Urzeiten ausschließlich auf Wassersteinen poliert. Das Schärfen von Hand hat zudem den Vorteil, dass nur so viel Substanz wie unbedingt notwendig vom Stahl abgetragen wird. Wir schärfen also werkzeugschonend und – im besten Sinne des Wortes – nachhaltig.

Wie allgemein beim Handwerken, so ist es auch beim Schärfen vorteilhaft zu wissen, was man tut und warum man es tut. Deshalb kommt man nicht umhin, sich mit der Theorie zu befassen: Dem Aufbau der Schärfmittel, der Metallurgie der Klingen und den mikroskopischen Vorgängen beim Abtrag. Denn so unterschiedlich die vorgestellten Werkzeuge auch sein mögen, wir werden sehen: Schärfen heißt im Wesentlichen, kontrolliert Material abzutragen. Mit wachsender Routine geht das zunehmend schneller und macht durch das Erfolgserlebnis, das sich bald einstellt, auch noch Spaß.

Wenn man dann noch weiß, wie sich bei den einzelnen Werkzeugen die Schneidengeometrie auf das Schneidverhalten auswirkt, dann wächst nicht nur das Verständnis, sondern auch das Selbstvertrauen beim Schärfen. So können Sie beispielsweise Ihren Putzhobel durch kleine Veränderungen des Fasenwinkels oder der Spanbrecherkante auf eine spezielle Anwendung hin auslegen und damit aus einem uniformen Serienprodukt ein Werkzeug mit persönlichem Charakter machen.

Es liegt in der Natur der Sache, dass die Kunst des Werkzeugschärfens nicht allein durch Handlungsanweisungen zu erlernen ist. Dieses Buch kann nur ein Begleiter sein auf dem Weg des Lernens und Bemühens um eine immer bessere Schneide. Denn für das Schärfen gilt wie für jede handwerkliche Tätigkeit: Nur Übung macht den Meister. In diesem Sinne wünsche ich eine anregende Lektüre und ein sicheres Arbeiten mit allzeit scharfen Werkzeugen.

GRUNDLAGEN

1.1 Was Schärfe eigentlich ist

Aus der Erfahrung heraus kann jeder Holzwerker unmittelbar ein scharfes von einem stumpfen Schneidwerkzeug unterscheiden. Doch woraus resultiert eigentlich die Schärfe einer Klinge? Was sind die entscheidenden Einflussfaktoren?

Die Schneidengeometrie

Die Schärfe eines Werkzeugs definiert sich im Wesentlichen durch die Verschneidung zweier Flächen, nämlich den Fasenflächen (bei einseitigem Anschliff spricht man auch von Fasen- und Spiegelfläche). Sie schließen den Schneidenwinkel ein, der bei einseitigem Anschliff mit dem Fasenwinkel identisch ist. Die Schnittlinie der beiden Flächen bildet die Schneide, auch „Schneidkante“ genannt.

Je exakter diese Verschneidung ist, das heißt je geringer die Abrundung an der Spitze, desto schärfer wird die Schneide sein. Unser primäres Ziel beim Schärfen ist es deshalb, Material so abzutragen, dass eine möglichst perfekte Verschneidung erzielt wird. Der Abtrag erfolgt bei beidseitigem Anschliff an beiden Flächen, bei einseitigem Anschliff nur an der Fasenfläche.

Was passiert beim Schnitt?

Holz ist ein Faserwerkstoff, den man sich vereinfacht wie dicht gebündeltes Stroh vorstellen kann. Beim Quer- oder Diagonalschnitt mit einem scharfen Werkzeug werden die einzelnen Fasern durchtrennt, wobei eine glatte Fläche zurückbleibt. Beim stumpfen Werkzeug jedoch legen sich die Fasern um die Schneide und erhöhen damit den Radius an der Schneidkante. Vor der Schneide kommt es zu einer Materialverdichtung und Erhöhung der Zugspannung in den Fasern, bis sie schließlich unter der Schneidkante reißen. So entsteht eine unsaubere Oberfläche, oft mit waschbrettähnlicher Struktur.

Welchen Einfluss hat der Fasenwinkel?

Vereinfacht kann man die auf die Fase wirkende Kraft F in zwei Komponenten

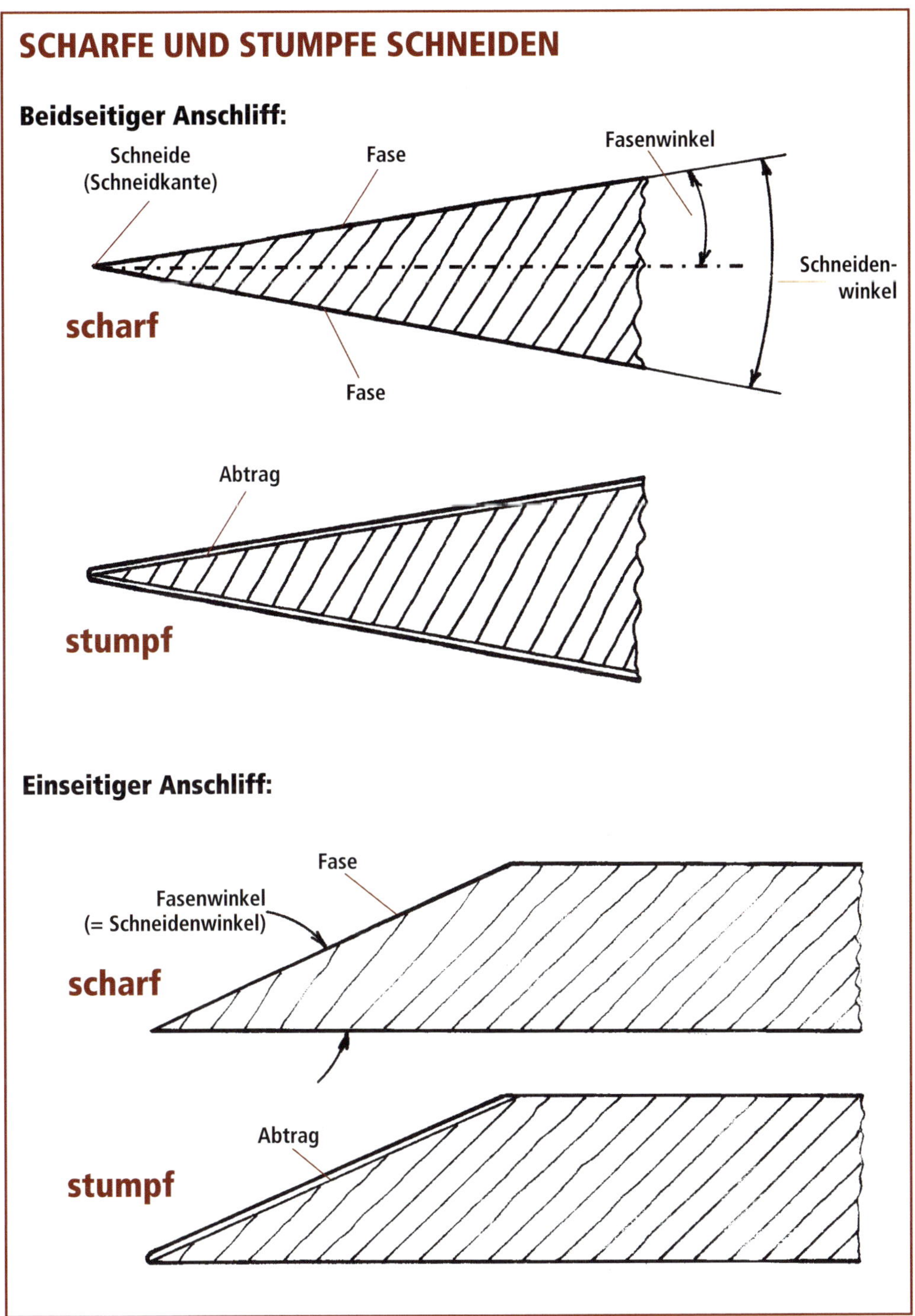
SCHARFE UND STUMPFE SCHNEIDEN
Beidseitiger Anschliff:
Schneide
(Schneidkante)
Fase
Fasenwinkel
Schneiden-
winkel
scharf
Fase
Abtrag
stumpf
Einseitiger Anschliff:
Fase
Fasenwinkel
(= Schneidenwinkel)
scharf
Abtrag
stumpf

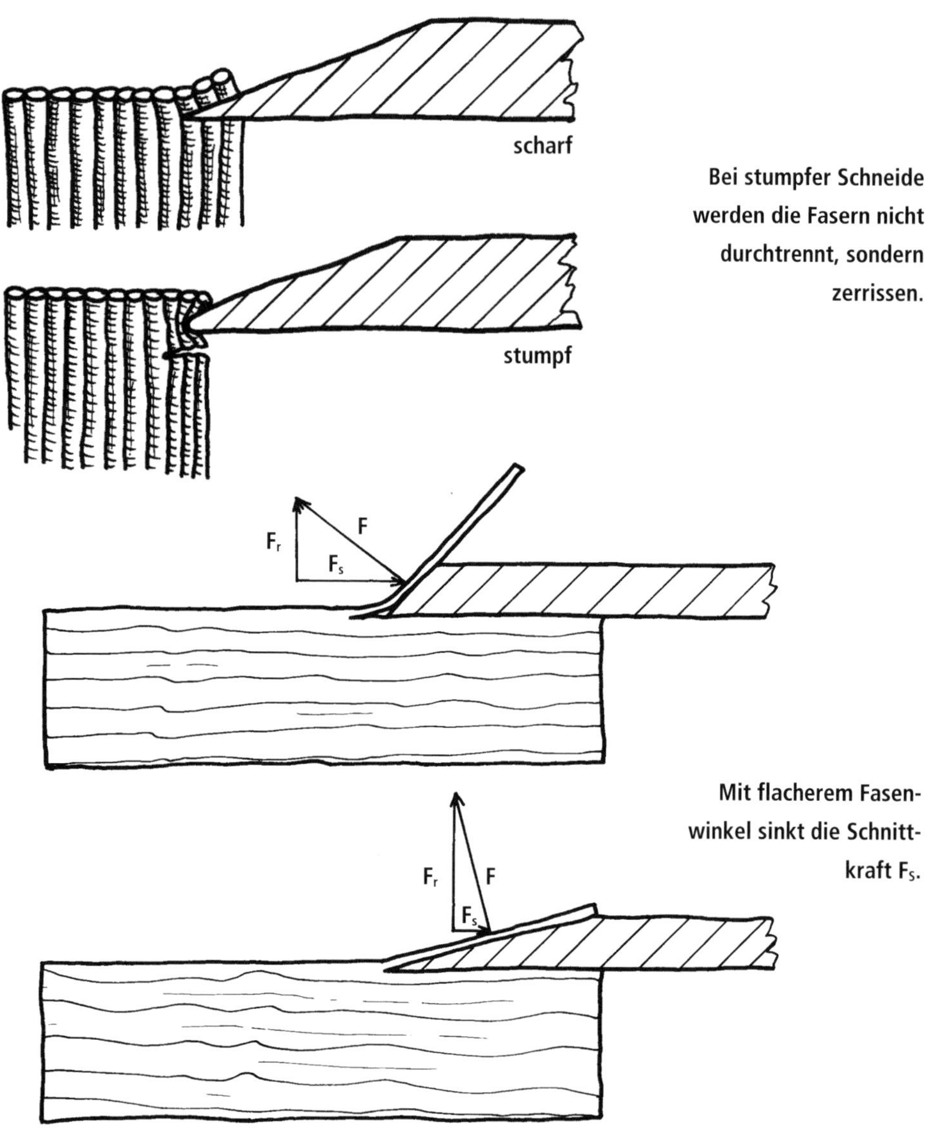

Bei stumpfer Schneide werden die Fasern nicht durchtrennt, sondern zerrissen.

Mit flacherem Fasenwinkel sinkt die Schnittkraft F_S.

aufteilen: eine Komponente F_T senkrecht zur Holzoberfläche und eine Komponente F_S, die der Vorschubrichtung des Werkzeugs entgegenwirkt. Unter der Annahme von gleich scharfem Werkzeug, also gleich bleibender Kraft F, ist bei einem stumpfen Fasenwinkel die Schnittkraft höher als bei einem spitzen Fasenwinkel. Das entspricht unserer praktischen Erfahrung, dass mit flacherem Anschliff des Werkzeugs die Schnittkräfte sinken.

Der Verringerung des Fasenwinkels sind jedoch technische Grenzen gesetzt. Je nach Härte, Stahlart und Beanspruchung wird sich die Schneide bei zu kleinem Winkel entweder umlegen (sogenannte plastische Verformung, vorwiegend bei weichem Stahl) oder ausbrechen (spröder Bruch, vorwiegend bei hartem Stahl). Die Spannweite der Fasenwinkel reicht von etwa 17° für schwach beanspruchte Schnitzmesser bis nahezu 90° für Schabhobeleisen. Bei der Mehrzahl der Holzbearbeitungswerkzeuge liegen die Winkel zwischen 25° und 35°.

Wird zusätzlich zur primären Fase nahe an der Schneide noch eine zweite, schmale Fase in einem etwas stumpferen Winkel angeschliffen, so spricht man von Mikrofase. Neben dem geraden Fasenanschliff gibt es auch noch die Möglichkeit, die Fase hohl zu schleifen, was bei Outdoor-Messern weit verbreitet ist. Außerdem gibt es einen balligen Anschliff, der häufig bei Äxten zu finden ist. Wir werden, wie später erläutert, überwiegend den geraden Anschliff ohne Sekundärfase bevorzugen. Auf die spezifischen Schneidenformen wird in den einzelnen Kapiteln eingegangen.

Der Stahl

Wie eben erläutert, hängt der mögliche Fasenwinkel und damit die subjektiv erzielbare Schärfe von den Eigenschaften des Klingenstahls ab – nicht nur von seiner Härte, sondern auch von seiner Struktur. Stahl ist ein kristalliner Werkstoff. Je feiner das Kristallgitter (auch „Gefüge" genannt) ausgeprägt ist, desto höher ist die theoretisch erzielbare Schärfe. Das Kristallgitter ist jedoch in der Praxis nie perfekt, sondern gestört durch Gitterbrüche (sogenannte „Versetzungen") sowie Fremdatome, Verunreinigungen und ausgeschiedene Karbide (sogenannte „Hartphasen"), die nicht in das Gitter eingebaut werden.

Durch diese strukturellen Fehler ist selbst durch noch so gutes Schärfen keine perfekte Verschneidung der Fasenflächen zu erzielen, da unter einer bestimmten Keilstärke der Werkstoff nicht mehr tragfähig ist und abreißt. Die Schneide ist deshalb nicht linienförmig, sondern weist eine gewisse Breite auf, die wir als Schneidkantenbreite bezeichnen. Die besten technisch realisierten Werte liegen in der Größenordnung 0,5 µm (0,0005 mm). Sie wurden an Rasierklingen gemessen. Die wesentlichen Stahltypen und ihre Eigenschaften werden im Kapitel „Stahlkunde" am Ende des Buchs vorgestellt.

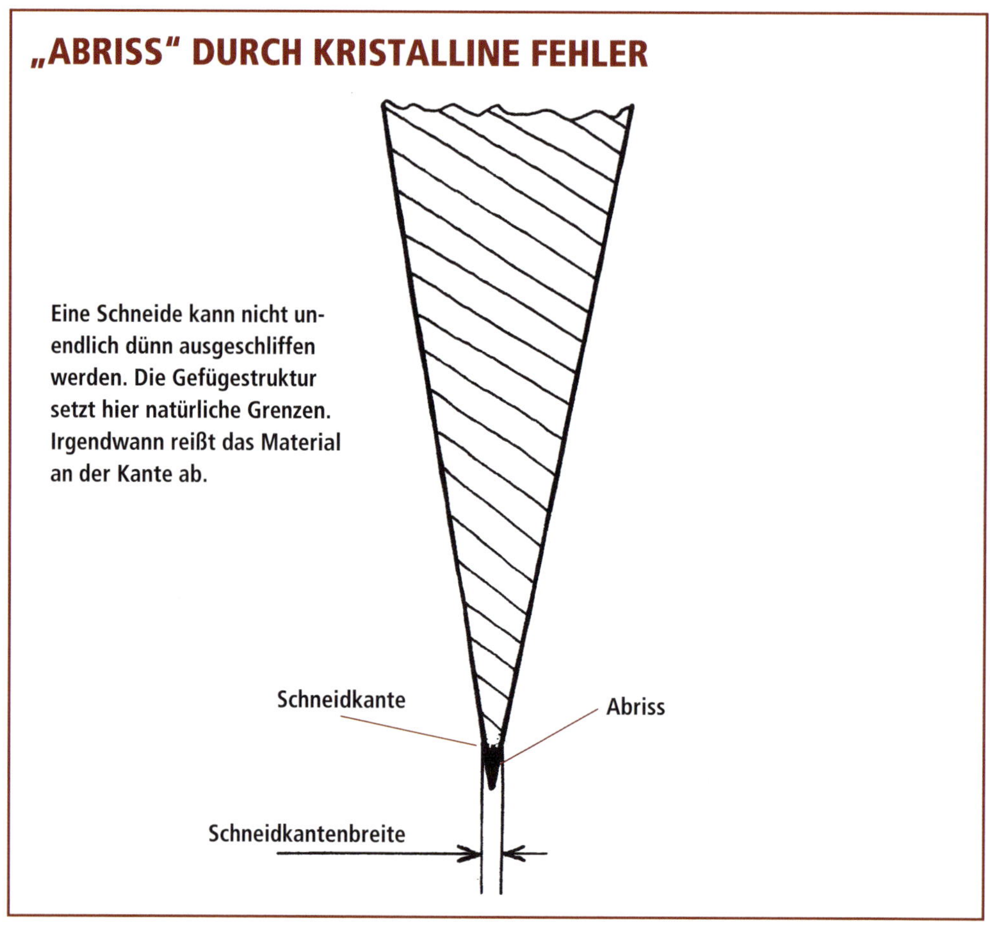

Schleifmittel

Die Mikrostruktur an der Schneide kann nur so fein sein kann, wie das zum Abtrag benutzte Schleifmittel, da sich die Rautiefe des Schleifsteins auf die Stahloberfläche überträgt. Letztendlich liegt also an der Schneidkante immer eine Art Mikroverzahnung vor, die sowohl vom Schleifmittel als auch vom Stahlgefüge beeinflusst ist. Diese Struktur kann bis zu einem gewissen Grad und in bestimmten Anwendungsfällen, etwa bei Drechsel-Schruppwerkzeugen, bei denen es nicht auf höchste Oberflächengüte ankommt, sogar vorteilhaft sein. Hier tragen die einzelnen Mikrozähne – vergleichbar mit einem Zahnhobeleisen – zu einem gleichmäßigeren Schneidverhalten bei. Erhöhten Ansprüchen an die Oberflächenqualität kann jedoch generell nur eine sogenannte „geschlossene Schneide" mit möglichst geringer Schartigkeit genügen.

Die Schnittführung

Aus Erfahrung wissen wir: Wenn man den Hobel schräg stellt, schneidet er leichter und hinterlässt, vor allem bei schwieriger Maserung, eine bessere Oberfläche. Dieses Phänomen, das den subjektiven Eindruck einer schärferen Schneide vermittelt, wird allgemein als „ziehender Schnitt“ bezeichnet. Es beruht auf der Verkleinerung des effektiven Fasenwinkels und damit der Schnittkraft, wenn die Vorschubkraft nicht senkrecht, sondern diagonal zur Schneide wirkt. Das Schrägstellen hat also die gleiche Wirkung wie ein flacherer Anschliff. Beispielsweise erzeugt eine 45°-Schrägstellung bei einer tatsächlichen Fase von 25° eine effektive Fase von 18°.

Mathematisch ausgedrückt besteht folgender Zusammenhang:
$\alpha = \tan^{-1}(\tan \beta \times \cos \gamma)$

α = effektiver Fasenwinkel
β = Fasenwinkel
γ = Schrägstellwinkel

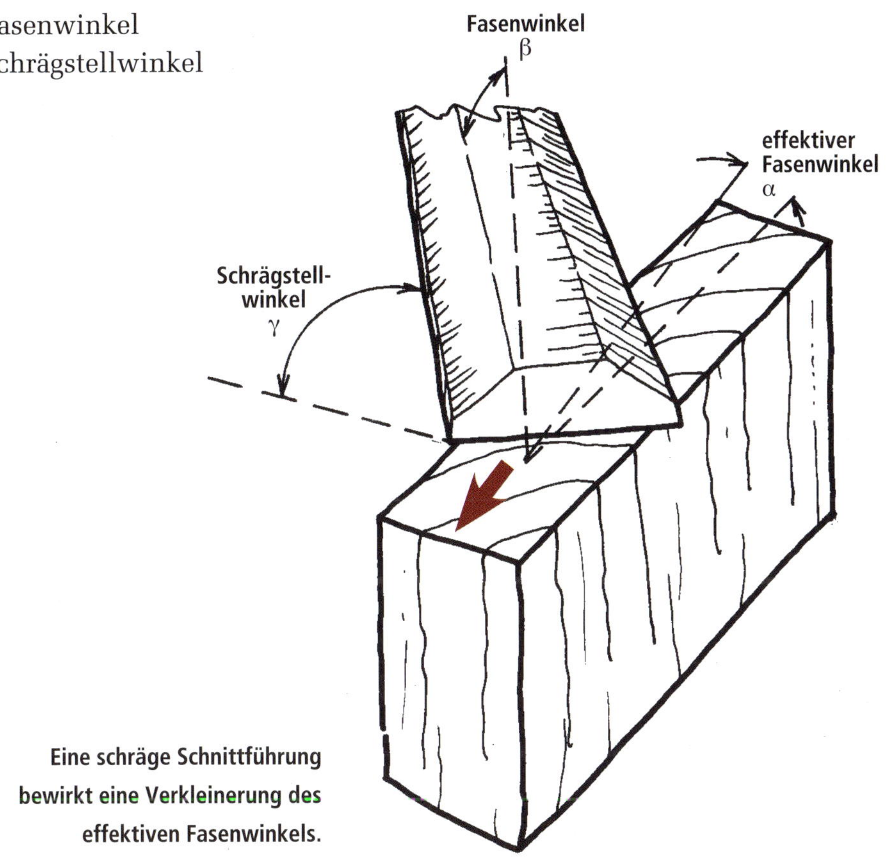

Eine schräge Schnittführung bewirkt eine Verkleinerung des effektiven Fasenwinkels.

Der gleiche Effekt tritt übrigens auf, wenn man beim Schnitzen das Hohleisen während des Schnitts leicht rotiert oder ein Messer statt in einer geradlinigen Schubbewegung schräg angestellt und ziehend einsetzt. Auch bei Zahnhobeleisen oder Wellenschliff-Küchenmessern macht man sich diesen Effekt zunutze. An den Flanken der einzelnen Zähne (oder Wellen) liegen ähnliche Kraftverhältnisse wie beim ziehenden Schnitt vor. Die schräge Schnittführung ist demnach eine elegante Möglichkeit, die werkstofftechnischen Grenzen zur Verringerung des Fasenwinkels zu umgehen.

1.2 Die zehn Regeln des Schärfens

Das Schärfen mit Wassersteinen ist nicht nur eine der ältesten, sondern auch der einfachsten Methoden, um Werkzeuge vom stumpfen in den „schneidigen“ Zustand zu versetzen. Man benötigt außer Schärfsteine kaum zusätzliche Hilfsmittel, und die Aufgabenstellung ist immer die gleiche: Material kontrolliert abzutragen. Dabei trägt es wesentlich zum Erfolg bei, wenn man die folgenden zehn, vom Werkzeug unabhängigen Grundregeln beherzigt:

Verwenden Sie die richtigen Steine

Hinsichtlich der Körnung benötigt man grundsätzlich drei verschiedene Steintypen:

Grob (Körnung 60-220): Für den Grundschliff und Korrekturen der Schneidengeometrie
Mittel (Körnung 240-2.000): Für das normale Schärfen
Fein (Körnung 2.000-30.000): Für das Abziehen

Die Wirksamkeit des Steins hängt jedoch auch von seiner Zusammensetzung und Härte ab. Grundsätzlich gilt: Je härter der Stahl ist, umso „weicher“ sollte der Stein sein. Das hängt damit zusammen, dass bei Steinen mit lockerer Bindung durch den erhöhten Abrieb laufend frische Schleifpartikel freigesetzt werden und damit eine höhere Schleifleistung zur Verfügung steht. Allerdings sind „weiche“ Steine naturgemäß auch empfindlicher, sie verschleißen schneller. Bei Werkzeugen mit gekrümmten oder sehr schmalen Schneiden ist es deshalb von Vorteil, etwas härtere Steine, beispielsweise Keramiksteine, zu verwenden. Bei Maschinenwerkzeugen und Drechseleisen aus HSS sind in der Regel nicht so hohe Schärfeanforderungen wie beispielsweise bei einem

Hobeleisen gestellt. Hier empfiehlt sich der Einsatz von robusten, diamantbeschichteten Schleifmitteln.

Halten Sie die Steine sauber und plan

Die Schneiden Ihrer Werkzeuge sind Abbilder der Schärfsteine. Auf einem krummen Stein kann man keine gerade Schneide erzeugen. Genauso unmöglich ist es, auf einem mit Staub oder grobem Abrieb verschmutzten Abziehstein eine spiegelpolierte Fläche herzustellen. Ein einziges grobes Schleifkorn genügt, um beim Honen einen tiefen Kratzer zu hinterlassen und – die vorangegangenen Arbeitsschritte zunichte zu machen.

Schärfsteine sind sensible Präzisionswerkzeuge und wollen auch so behandelt werden! Kontrollieren Sie regelmäßig ihre Planheit und richten Sie die Steine bei Bedarf ab. Wie das geht, erfahren Sie im Kapitel „Schärfmittel". Vermeiden Sie, dass Schleifmittelreste von gröberen auf feinere Steine übertragen werden. Spülen Sie daher die Klinge nach jeder Bearbeitungsstufe gründlich. Lagern Sie unterschiedlich grobe Steine nicht aneinander liegend, sondern möglichst separat.

Bleiben Sie bei einer Methode

Es wird mitunter empfohlen, auf (weichen) Wassersteinen zu schärfen und auf (harten) Ölsteinen abzuziehen. Dabei läuft man jedoch Gefahr, dass Öl auf die Wassersteine gerät, wodurch sie in ihrer Wirkung beeinträchtigt würden. Zudem können ölige Schneiden auf hölzernen Werkstücken unschöne Flecken hinterlassen.

Wählen Sie die richtige Schneidengeometrie

Die Anschliffgeometrie ist entscheidend für das Schneidverhalten und die Robustheit der Schneide. Sie unterliegt einem Zielkonflikt: Je kleiner man den Fasenwinkel wählt, umso geringer ist der Schnittwiderstand. Andererseits steigt damit das Risiko von Ausbrüchen oder plastischen Verformungen an der Schneidkante. Der im Lieferzustand vorgegebene Standardwert des Schneidenwinkels ist nicht in jedem Fall auch der günstigste. Wenn man beispielsweise überwiegend mit Weichholz arbeitet, kann man den Winkel ein paar Grad flacher wählen, was nicht nur kraftsparend ist, sondern meist auch zu einer glatteren Oberfläche führt. Machen Sie gegebenenfalls Versuche zur Optimierung des Winkels.

Behalten Sie den Anstellwinkel bei

Die exakte Einhaltung des gewählten Anstellwinkels bei der Bearbeitung des Werkzeugs auf dem Schleifstein ist die größte Herausforderung beim freihändigen Schärfen. Schaukelbewegungen führen zu unerwünschten balligen Fasenflächen und Rundungen an der Schneide. Als Hilfsmittel für eine genaue Werkzeugführung werden häufig mechanische Schärfführungen empfohlen. Ihre Handhabung ist jedoch mitunter zeitaufwändig. Außerdem schränken die meisten Modelle die zur Verfügung stehende Arbeitsfläche auf dem Stein ein.

Aus diesem Grund wollen wir uns hier auf das Freihandschärfen konzentrieren. Setzen Sie das Eisen mit der Fasenfläche auf den Stein auf, die Fingerkuppen der linken Hand bringen Druck auf. Machen Sie leichte Kippbewegungen, um den richtigen Auflagepunkt zu finden. Dieser ist umso deutlicher spürbar, je dicker das Eisen ist. Beispielsweise sind japanische, mehrlagige Stech- und Hobeleisen leichter freihändig schärfbar als dünnere, westliche Eisen. Unter Beibehaltung dieser Position machen Sie geradlinige Bewegungen aus den Armen heraus, wobei Sie den Oberkörper möglichst ruhig halten. Der Stein sollte etwa auf Hüftniveau liegen.

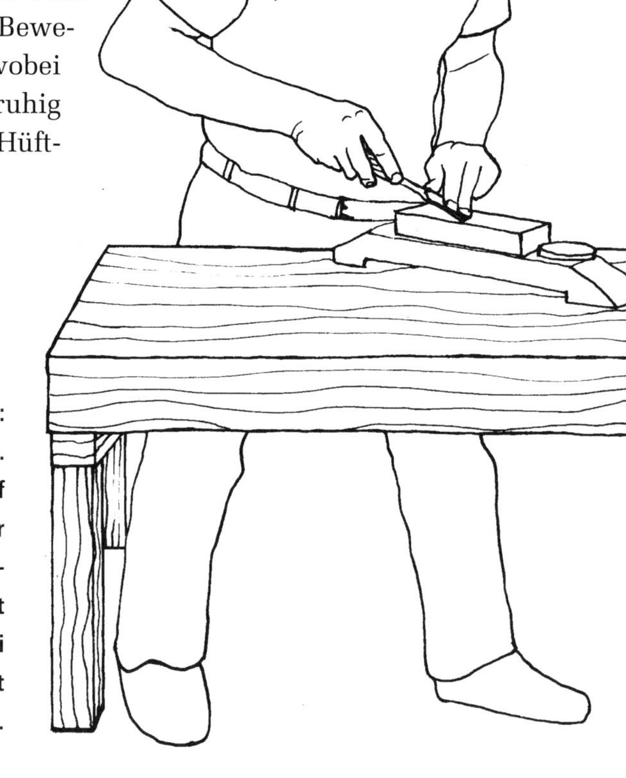

Die richtige Position beim Schärfen: stabiler Stand, unverkrampfte Haltung. Der Stein liegt rutschgesichert und auf stabiler Unterlage etwa in Hüfthöhe. Der rechte Arm schiebt und zieht in geradlinigen Bewegungen, die linke Hand übt Druck aus. Der Oberkörper bleibt dabei ruhig. Die Augen befinden sich möglichst senkrecht über der Schneide.

Führen Sie das Eisen beim Schärfen schräg

Der Anstellwinkel kann leichter eingehalten werden, wenn das Eisen schräg zur Längsachse des Steins geführt wird (30°-45°). Dadurch liegt das Eisen besser auf dem Schleifstein auf, und die Tendenz zum Balligschleifen nimmt ab.

Ein weiter Vorteil der Schrägstellung ist, dass sie auch physiologisch günstiger ist. Handgelenk und Ellbogen nehmen eine natürlichere Position ein und erlauben freie Bewegungen, ohne mit dem Oberkörper in Berührung zu kommen. Beim Abziehen auf den sehr feinen Steinen ist es dagegen vorteilhaft, die Schneidkante parallel zur Längsachse des Steins zu stellen, um die Grat- und Riefenbildung zu minimieren und eine geschlossene Schneidkante zu erzeugen.

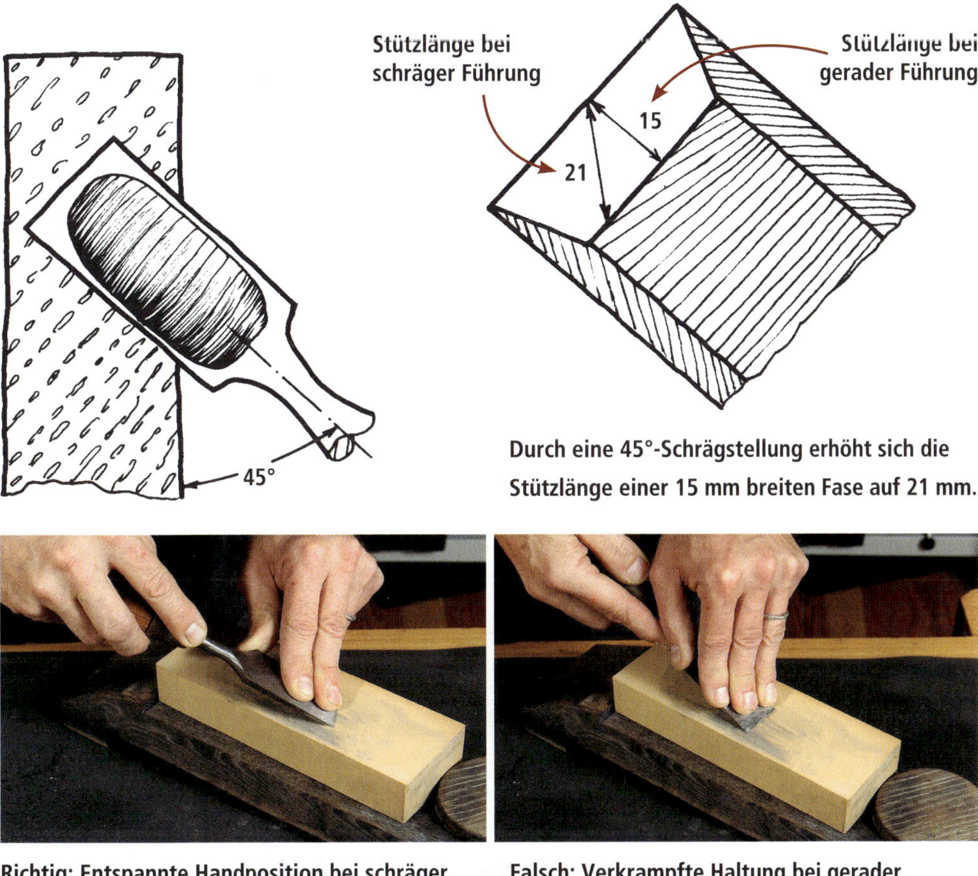

Durch eine 45°-Schrägstellung erhöht sich die Stützlänge einer 15 mm breiten Fase auf 21 mm.

Richtig: Entspannte Handposition bei schräger Eisenführung.

Falsch: Verkrampfte Haltung bei gerader Eisenführung.

Achten Sie auf den richtigen Druckpunkt

Es ist wichtig, dass der Druck auf die Klinge möglichst nahe an der Schneide aufgebracht wird. Liegt er zu weit hinten, so erhöht sich der Abtrag im Bereich des Rückens, wodurch der Anschliff zunehmend flacher und die Schneide geschwächt wird. Das Problem tritt verstärkt bei zweischichtigen Klingen mit weichem Grundkörper auf. Achten Sie stets darauf, dass die Fingerkuppen nicht auf dem Schleifstein aufliegen, da das zum Durchscheuern der Haut führt. Durch die kühlende Wirkung des Wassers spürt man den damit verbundenen Schmerz erst mit Verzögerung.

Fingerplatzierung: Der Mittelfinger drückt mittig, nahe der Schneide, ohne jedoch den Stein zu berühren. Der Daumen stützt sich an der Schulter ab.

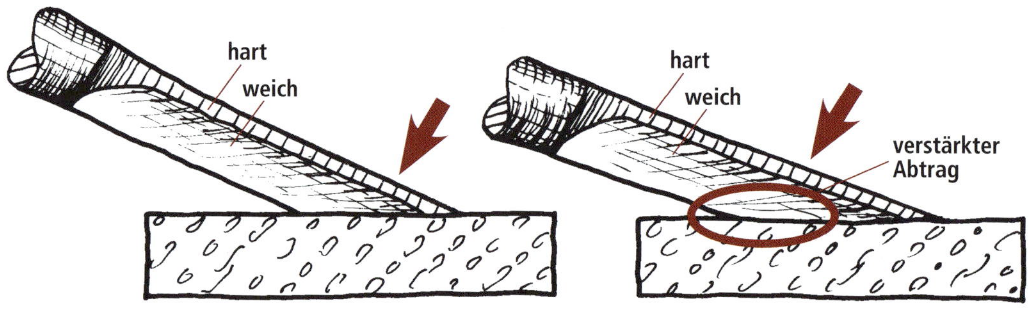

Richtig: Druckpunkt im Bereich der Fase.

Falsch: Druckpunkt zu weit hinten.

Prüfen Sie wiederholt Grat und Schneidkante

Das Schärfen ist genau genommen ein spanabtragender Vorgang, bei dem unvermeidlich an der Bearbeitungskante ein (mehr oder weniger starker) Grat aufgeworfen wird. Die Gratbildung ist umso ausgeprägter,

- je weicher und duktiler der Werkzeugstahl ist (siehe Kapitel „Stahlkunde"),
- je stärker der Anpressdruck ist,
- je gröber die Steinkörnung ist.

Prüfen Sie die Ausbildung des Grats wiederholt während des Schärfens und Abziehens durch vorsichtiges Streichen mit der Fingerkuppe von der Schneide weg. Erst nachdem ein gleichmäßiger Grat über die gesamte Schneidenbreite aufgeworfen wurde, dreht man die Klinge um und bearbeitet die Gegenseite. Dieser Vorgang wiederholt sich während des Schärfprozesses mit zunehmend feineren Steinkörnungen. Beim Abziehen reduziert man allmählich den Anpressdruck, um eine möglichst gratfreie Schneide zu erzielen.

Auch durch Betrachten der Schneide mit der Aufsetzlupe lässt sich der Grat und die Schneidkante beurteilen. Man betrachtet die Schneide genau senkrecht von oben. Ein Grat oder eine noch stumpfe Schneide zeichnet sich durch eine silbrig reflektierende Linie ab.

Achten Sie auf die Druckverteilung

Auf den groben und mittleren Steinen kann man mit starkem Anpressdruck und damit hoher Abtragleistung arbeiten. Mit abnehmender Steinkörnung reduziert man den Druck und damit auch die Gratbildung.

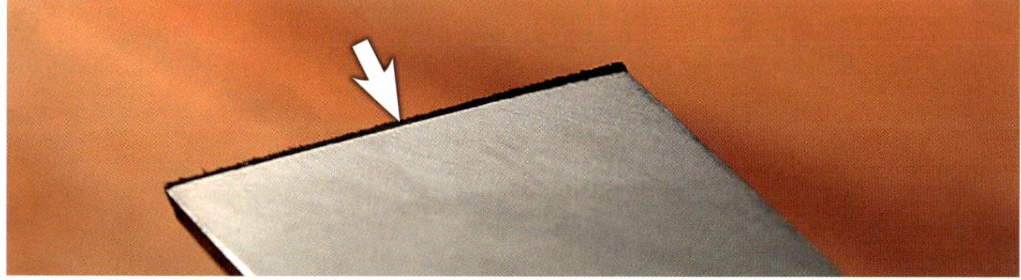

Gratbildung bei einem Stecheisen mittlerer Härte (HRC 57, niedrig legierter Werkzeugstahl) nach Bearbeitung der Fase mit einem Schleifstein der Körnung 1.000: Der Grat zeichnet sich im Gegenlicht dunkel ab.

Gratprüfung mit der Fingerkuppe: Von der Schneide weg!

Gratprüfung mit der Aufsetzlupe: Blick senkrecht auf die Schneidkante.

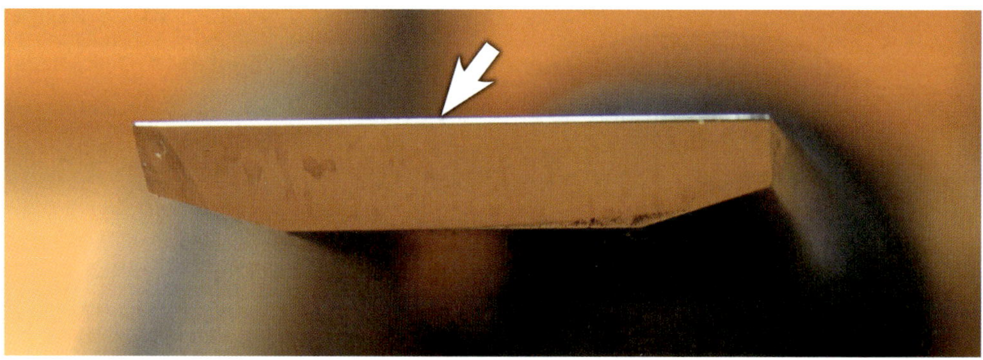

Sichtprüfung: Eine reflektierende „Silberlinie" ist ein Zeichen für noch unzureichende Schärfe.

Häufig wird die Frage diskutiert, ob man „schiebend" oder „ziehend" schärfen soll, also bei der Bewegung gegen die Schneide oder zur Schneide hin Druck ausübt. Für die schiebende Arbeitsweise spricht, dass sie wirkungsvoller ist und sich ein kleinerer Grat bildet. Dennoch wird gerade in der Lernphase oft die ziehende Bewegung bevorzugt, da sie eine bessere Kontrolle über das Werkzeug ermöglicht und die Gefahr der Steinbeschädigung geringer ist. Die beste Abtragleistung erzielt man selbstverständlich, wenn man in beiden Richtungen Druck ausübt – eine Methode, die von japanischen Handwerkern bevorzugt wird und die auch wir empfehlen.

Achten Sie auf Schleifspur und Geräusch

Das freihändige Schärfen ist eine Aufgabe, die alle Sinne fordert. Prüfen Sie nicht nur Grat und Fasenfläche, sondern verfolgen Sie auch die Schleifspur, die das Werkzeug auf dem Stein hinterlässt. An ihr kann man ablesen, ob der Kontakt der Fase mit der Steinoberfläche gleichmäßig oder unterbrochen ist.

Das Schleifgeräusch ist für den jeweiligen Stein charakteristisch. Bei groben Steinen ist es eher rau und mahlend. Je feiner die Körnung ist, umso ruhiger und „weicher" wird das Geräusch. Wenn die Fase flächig aufliegt, ist es bei der Vor- und Zurückbewegung gleichförmig. Bei zu steiler Werkzeugführung verursacht die Schneidkante bei der Bewegung gegen die Schneide ein unangenehmes Kratzen. Schulen Sie Ihr Ohr! Ein Routinier ist in der Lage, mit geschlossenen Augen zu schärfen. Auf den feineren Steinen sind kratzende Nebengeräusche ein Zeichen dafür, dass noch grobe Schleifpartikel vorhanden sind, die Klinge also nicht ausreichend gespült wurde. Reinigen Sie deshalb Stein und Klinge nach jedem Bearbeitungsschritt gründlich.

Richtig: Regelmäßige Schleifspuren, gleichmäßig verteilt über die ganze Steinbreite, sind bezeichnend für eine kontinuierlich und plan aufliegende Fasenfläche und einen homogenen Schärfvorgang.

Falsch: Heterogenes Schliffbild bei nicht exakter Führung des Eisens.

STECH- UND STEMMEISEN

2.1 Westliche Stech- und Stemmeisen

Stech- und Stemmwerkzeuge für die Bearbeitung von Holz sind im europäischen Raum mindestens seit der Jungsteinzeit nachweisbar. Bereits um 2000 v. Chr. benutzten die ägyptischen Zimmerer und Schreiner Beitel aus Bronze. Seit der griechischen Antike waren eiserne Werkzeuge mit gehärteten Klingen oder eingesetzten Stahlspitzen in Gebrauch. Je nach Verwendungszweck und kulturellem Umfeld haben sich die verschiedensten Varianten hinsichtlich Griff- und Klingenausführung herausgebildet.

Die als Stechbeitel oder auch Stecheisen bezeichneten Werkzeuge für leichtere Arbeiten werden in der Regel mit der Hand gestoßen. Ihre Klingen sind dünner, auf eine Zwinge am Ende des Hefts (Griffs) kann verzichtet werden. Dagegen werden die als Stemmeisen oder Stemmbeitel bezeichneten Werkzeuge meist mit dem Hammer oder Holzklüpfel getrieben. Ihre Klingen sind entspre-

Das Standard-Werkzeug: Seit 4.000 Jahren sind Stechbeitel und ähnliche Werkzeuge in Gebrauch.

chend stärker dimensioniert und die Griffe mit Kopfzwingen vor Bruch geschützt.

Das gemeinsame Konstruktionsprinzip aller Stech- und Stemmwerkzeuge ist die mit einem Holz- oder Kunststoffheft versehene, einseitig angeschliffene Klinge. Die dem Werkstück zugewandte Seite wird als „Spiegel“ oder „Spiegelseite“ bezeichnet, die gegenüberliegende Seite als „Rücken“.

Japanische Stecheisen, auch hierzulande inzwischen weit verbreitet, verdienen aufgrund ihres laminierten Klingenaufbaus und der hohl geschliffenen Spiegelseite eine besondere Betrachtung. Sie werden im nächsten Abschnitt behandelt.

Stech- und Stemmeisen sind Präzisionswerkzeuge, mit denen Passungen und Holzverbindungen hergestellt werden. Die Voraussetzung – eine absolut plane Spiegelseite der Klinge – ist leider auch bei neuen Eisen keine Selbstverständlichkeit. Vielmehr weisen die meisten Stecheisen (nicht nur Billigware) schon beim Kauf mehr oder minder stark verzogene Klingen auf. Verursacht werden diese Verzüge durch Eigenspannungen im Material.

ANATOMIE EINES WESTLICHEN STEMMEISENS

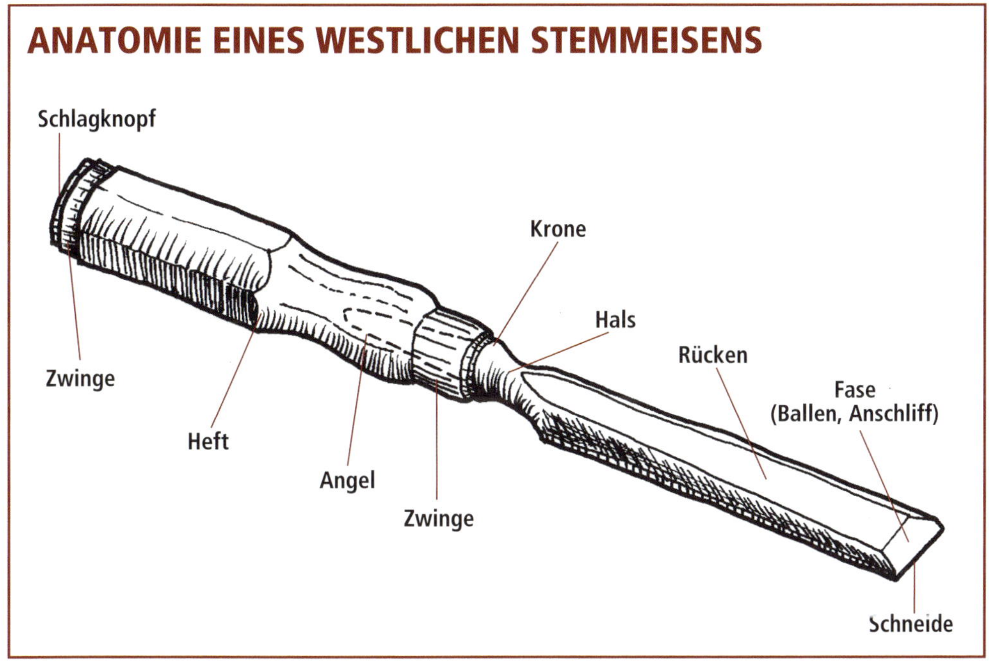

EIGENSPANNUNGEN

Eigenspannungen entstehen beim Härten des Stahls und bei der mechanischen Bearbeitung. Wenn sie ungleich über den Querschnitt oder die Länge der Klinge verteilt sind, kommt es zu Verzug. Bei hochwertigem Werkzeug wird sich der Hersteller bemühen, Verwerfungen durch eine entsprechende Glühbehandlung sowie durch nachträgliches Ausrichten und Schleifen zu minimieren. Eine hundertprozentige Planheit ist jedoch nur mit großem Aufwand zu erreichen, da sich der innere Spannungszustand auch durch den Alterungsprozess verändert.

TIPP

Fläche prüfen: Achten Sie beim Kauf von Stecheisen auf eine möglichst plane Spiegelfläche, zu überprüfen mit dem Haarlineal. Sie ersparen sich damit viel Aufwand beim Schärfen.

Darüber hinaus weist der Spiegel im Ausgangszustand meist zu grobe Bearbeitungsspuren auf und spricht damit seinem Namen Hohn. Die Erzeugung einer wirklich scharfen Schneide setzt eine völlig riefenfreie Oberfläche voraus.

Achten Sie auch darauf, dass die Schneide rechtwinklig zur Längsachse der Klinge steht. Ein schräger Verlauf der Schneide führt zu einem Versetzen des Eisens bei Stemmarbeiten. Auch dieser Fehler kann beim Grundschliff der Fase korrigiert werden.

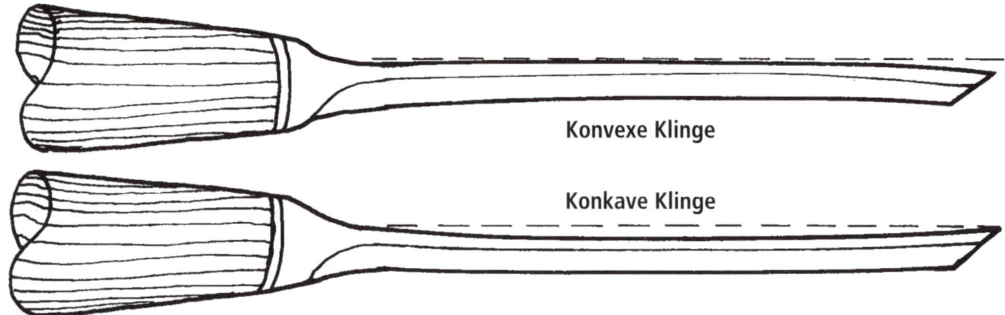

Konkav oder konvex verzogene Klingen sind bei neuen Stecheisen leider die Regel. In diesem Zustand kann man sie für maßhaltige Arbeiten, wie beispielsweise für das Ausstemmen von Zapfenlöchern, nicht verwenden.

Abrichten der Spiegelseite

Unsere erste Aufgabe ist das plane Abrichten und Glätten der Spiegelseite. Dazu eignet sich am besten ein diamantbeschichteter Abrichtblock, beispielsweise von der Firma DMT. Vorteilhaft ist ein Kombiblock mit zwei verschiedenen Körnungen (grob und extragrob), die je nach Korrekturbedarf eingesetzt werden. Prüfen Sie zuerst die Planheit des Abrichtblocks mit einem Haarlineal. Legen Sie ihn auf eine ebene, rutschfeste Unterlage. Geeignet ist eine Gummimatte, eine Antislipmatte oder eine spezielle Halterung. Er sollte ganzflächig aufliegen, damit er sich unter Druck nicht durchbiegt.

Beginnen Sie bei starkem Korrekturbedarf mit der extragroben Körnung (Korngröße 120 µm, entspricht etwa Körnung 120). Geben Sie etwas Wasser auf den Block und legen Sie die Klinge mit der Spiegelfläche quer oder diagonal zur Längsrichtung des Steins auf. Achten Sie darauf, dass die gesamte Spiegelfläche aufliegt. Es ist nicht zielführend, nur den vorderen Teil der Spiegelfläche zu bearbeiten!

Die Fingerspitzen der linken Hand liegen mittig auf dem Blatt und drücken es nieder, während die Rechte das Eisen am Heft führt. Unter Beibehaltung dieser Position machen Sie geradlinige Vor- und Zurückbewegungen, wobei in beiden Richtungen nur mäßiger Druck aufgebracht wird. Zu hoher Druck kann die galvanische Beschichtung des Blocks beschädigen.

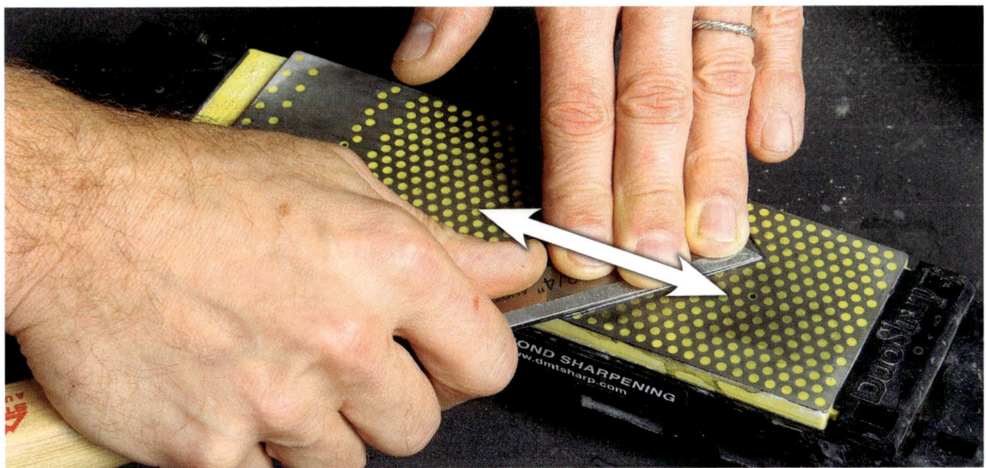

Bei den meisten neuen Eisen nötig: Abrichten der Spiegelseite auf dem Diamantblock mit geradlinigen Bewegungen und gleichmäßiger Druckverteilung.

Anhand des Schliffbilds kann man die Kontaktfläche und den Fortschritt der Bearbeitung beurteilen. Fahren Sie fort, bis ein gleichmäßiges Schliffbild auf der gesamten Fläche vorliegt. Die Fläche ist nun plan.

Durch vorausgegangenes Schwärzen mit einem Markierstift werden noch vorhandene „Senken" in der Spiegelseite hervorgehoben.

Nun ist die Spiegelseite bereit für die Feinbearbeitung.

TIPPS

Schwärzung: Zur Verdeutlichung können Sie vor der Bearbeitung die Fläche mit einem Markierstift (Edding) schwärzen. Diese Methode eignet sich generell für die Sichtprüfung von Bearbeitungsflächen beim Schärfen von Werkzeugen.

Druckverteilung: Erfahrungsgemäß besteht beim manuellen Abrichten eine gewisse Tendenz, seitlich mehr Material abzutragen als in der Klingenmitte, wodurch eine ballige Oberfläche entsteht. Um dem entgegenzuwirken, sollte man tendenziell in der Mitte mehr Druck ausüben als an den Rändern.

TIPPS

Planheit: Achten Sie bei den Wassersteinen auf eine hundertprozentige Planheit. Richten Sie die Steine gegebenenfalls vorher ab.

Polierpaste: Geben Sie beim Honen auf dem feinsten Stein nur noch wenig Wasser zu. So bildet sich auf dem Stein eine pastöse Creme, die eine noch bessere Politur ermöglicht. Eine ähnliche Wirkung hat das Reiben eines Nagurasteins auf dem Wasserstein.

Druck: Verringern Sie mit zunehmender Feinheit den Anpressdruck.

Sauberkeit: Spülen Sie das Eisen nach jedem Arbeitsgang gründlich, um keine groben Körner auf die feineren Steine zu übertragen.

Orientierung: Arbeiten Sie auf den feinsten Steinen in Längsrichtung der Schneide.

Riefenfreie Spiegelfläche nach Bearbeitung auf einem 10.000er Abziehstein.

Wechseln Sie nun auf die nächstfeinere Körnung des Diamantblocks (60 µm, Körnung 220) oder auf einen Wasserstein der Körnung 220-600 und wiederholen Sie den Prozess. Da keine Verformungen mehr vorliegen, genügen meist wenige Züge auf dem jeweils feineren Stein. Anschließend kann man in gleicher Weise die Bearbeitung auf Wassersteinen zunehmend feinerer Körnung (1.000-10.000) fortsetzen, bis sich eine riefenfreie, gleichmäßige Spiegelpolitur ergibt. Dieser Prozess wird auch als „Honen" bezeichnet.

Eine alternative Methode zum Abrichten der Spiegelflächen von Stecheisen oder auch Hobeleisen ist die Verwendung einer plan geschliffenen Stahlplatte, dem sogenannten „Polierstahl“, unter Zugabe von Siliziumkarbid-Schleifpulver. Diese Methode wird im nachfolgenden Kapitel (japanische Stemmeisen) vorgestellt.

Schärfen der Fasenfläche

Nun können wir uns der Bearbeitung der Fasenfläche und damit dem eigentlichen Schärfprozess zuwenden. Für die Fasen von Stecheisen, ebenso wie für Hobeleisen, gibt es im Prinzip zwei Anschliffmöglichkeiten:
- Planschliff, mit oder ohne Mikrofase
- Hohlschliff

Unter Mikrofase versteht man eine zweite, sehr schmal (0,5-1 mm) ausgebildete Fase im Bereich der Schneide. Sie weist einen etwas stumpferen Fasenwinkel (+ 3° bis 6°) als die Hauptfase auf. Eine Mikrofase wird bei vielen Schneidwerkzeugen aus zwei Gründen empfohlen beziehungsweise bereits beim Hersteller angeschliffen: Zum einen bewirkt sie eine Stärkung der Schneide und damit eine Verringerung des Sprödbruch-Risikos. Zum anderen verringert sie die zu bearbeitende Fläche beim Schärfen und damit den Schärfaufwand.

Der zweite Vorteil besteht jedoch nur unter der Voraussetzung, dass man beim Nachschärfen ganz exakt wieder den gleichen Winkel einhält. Beim freihändigen Schärfen ist das nahezu unmöglich, da die Auflagefläche sehr klein ist. Aus diesem Grund werden beim Schärfen der Fasen von Stecheisen und Hobeln häufig Schleifführungen eingesetzt (siehe auch Kapitel „Schärfmittel“).

Ihre Verwendung hat jedoch auch Nachteile: Durch das umständlichere Handling beim Einspannen geht ein Teil des Zeitvorteils wieder verloren. Zudem kann mit den meisten Schleifführungen der Stein nicht ganzflächig genutzt werden. Im Laufe der Zeit wird die Mikrofase immer breiter, so dass schließlich ein kompletter Neuanschliff der Fasenfläche erforderlich wird. Wir zeigen nachfolgend exemplarisch beide Methoden: bei westlichen Stecheisen mit Schleifführung, bei japanischen in freihändiger Führung.

Viele Stecheisen weisen bereits im Lieferzustand eine hohl geschliffene Fase auf. Sie hat den Vorteil, dass beim Schärfen auf dem Blockstein nur eine kleine Fläche zu bearbeiten ist, da die Fase nur an den beiden Eckpunkten aufliegt. Von Nachteil ist jedoch die Schwächung der Schneide und das damit verbundene erhöhte Risiko von Brüchen und Scharten. Ein Hohlschliff wird als Grundschliff auf einer nach Möglichkeit wassergekühlten Schleifscheibe (beispielsweise Tormek-System) erzeugt. Der Hohlschliff ist umso ausgeprägter, je kleiner die verwendete Schleifscheibe ist. Von einem Scheibendurchmesser unter 20 Zentimeter ist abzuraten.

Aus den genannten Gründen ist für das hier vorgestellte freihändige Schärfen generell ein gerader Anschliff (ohne Hohlschliff und Mikrofase) zu empfehlen. Er ermöglicht die maximale Auflagefläche auf dem Schärfstein und damit die beste Kontrolle über die Einhaltung des Fasenwinkels.

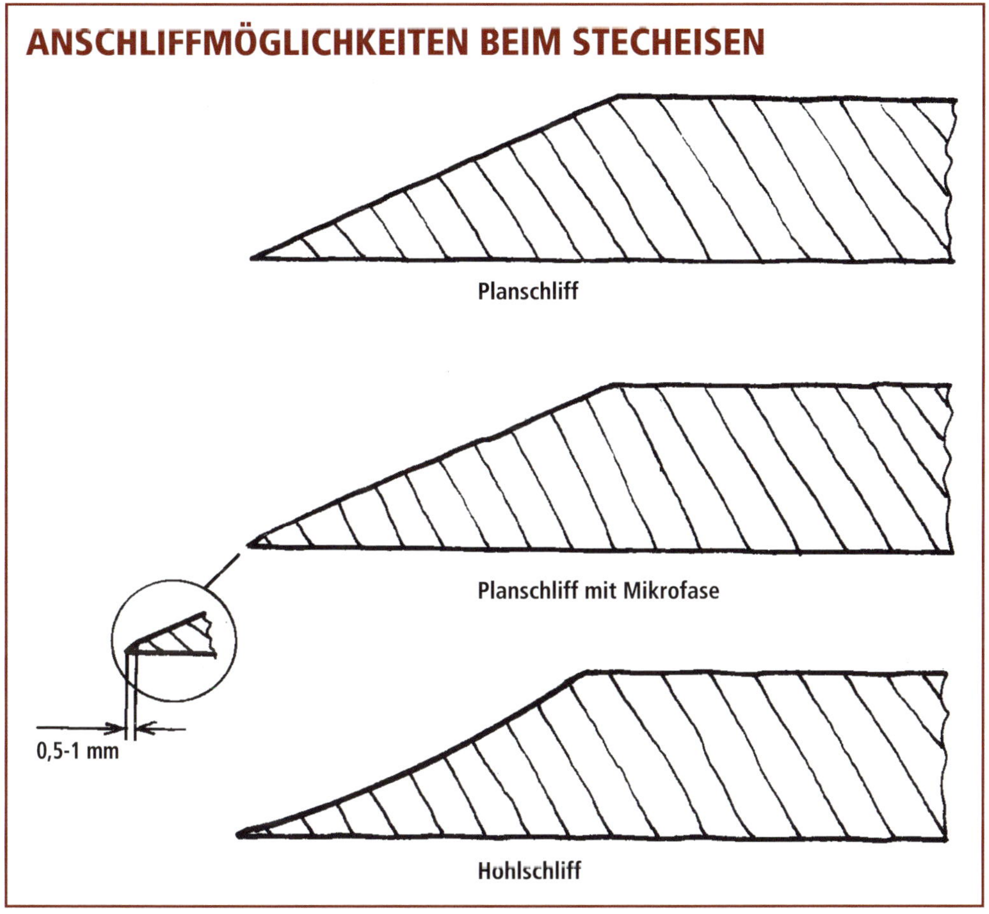

Der richtige Fasenwinkel

Bei der Festlegung des Fasenwinkels unterliegen wir einem technischen Zielkonflikt: Einerseits wünschen wir uns bei der Arbeit einen möglichst geringen Schnittwiderstand, andererseits eine möglichst bruchfeste Schneide. Die Schnittkräfte sinken mit abnehmendem Fasenwinkel, während sich die Bruchgefahr beziehungsweise das Risiko einer sich umlegenden Schneide erhöht.

Die Bestimmung des optimalen Fasenwinkels ist demnach ein Optimierungsprozess, der von der Arbeitsweise, der Stahlgüte und der Holzart abhängt. Die Werte liegen in der Praxis zwischen etwa 20° für leichte Arbeiten bei weichen Hölzern bis zu etwa 35° bei schweren Stemmarbeiten und hartem oder astreichem Holz. Für universelle Anwendung empfiehlt sich der Normbereich von 25° bis 30°, wie er für die meisten Eisen im Lieferzustand typisch ist.

Sollte sich der vorgegebene Fasenwinkel als ungünstig herausstellen, so muss er auf einem groben Stein (Körnung 80-220) oder auf der wassergekühlten Schärfmaschine neu angeschliffen werden. Dabei sollte jedoch nicht nur die Beanspruchungsart, sondern auch die Härte und Zähigkeit des Stahls berücksichtigt werden. So weisen beispielsweise hoch gehärtete, reine Kohlenstoffstähle (über 60 HRC) eine geringere Duktilität als legierte Werkzeugstähle auf, wodurch sie bei flachem Anschliff einem höheren Risiko des Sprödbruchs unterliegen.

Schärfen der Fase mit Schleifführung

Spannen Sie das Stecheisen in der Schleifführung im gewünschten Fasenwinkel ein. Dieser bestimmt sich durch den Überstand: Je weiter das Eisen aus-

TIPP

Größerer Winkel für kleinere Eisen: Schmale Eisen unterliegen meist einer höheren spezifischen Beanspruchung als breitere Klingen. Das liegt daran, dass man die Kraft, die man zum Stemmen oder Stechen einsetzt, in der Regel nicht nach der Eisenbreite dosiert. Auf die Schneide eines 10-mm-Eisens wirkt also bei gleicher Vorschubkraft der doppelte Druck wie bei einem 20-mm-Eisen. Es ist deshalb sinnvoll, schmale Eisen bis 18 mm mit einem etwas stumpferen Fasenwinkel (zum Beispiel 30°) anzuschleifen als breitere (zum Beispiel 25°).

kragt, umso kleiner wird der Winkel. Das unten gezeigte Modell von Veritas verfügt dazu über eine praktische Einstelllehre. Achten Sie darauf, dass das Eisen rutschfest und genau rechtwinklig zur Schleifführung gespannt ist.

Für das normale Nachschärfen der Fase benutzen wir zuerst einen Stein mittlerer Körnung (1.000-2.000). Der gut gewässerte Stein wird rutschfest in einer Halterung fixiert. Da vor allem die groben und mittleren Steine oberflächlich schnell austrocknen, empfiehlt es sich, vor und während des Schärfens erneut Wasser aufzubringen. Gut geeignet ist dazu ein Pflanzensprayer.

Setzen Sie nun das Eisen mit der Führung auf den Stein auf. Machen Sie geradlinige Schärfbewegungen, während Sie nahe an der Schneide sowohl bei der Vorwärts- als auch bei der Rückwärtsbewegung Druck auf die Fase aufbringen. Die mittleren Finger der linken Hand drücken nach unten, während die rechte Hand das Eisen führt und schiebt. Vermeiden Sie es, Druck auf die Rolle zu geben, da das zu unnötigem Steinverschleiß führt.

Einstellen des Fasenwinkels und Einspannen des Stecheisens in die Schleifführung.

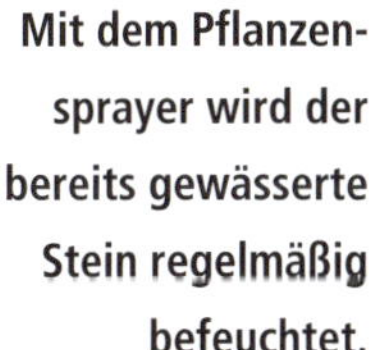

Mit dem Pflanzensprayer wird der bereits gewässerte Stein regelmäßig befeuchtet.

Versuchen Sie, durch schrittweises seitliches Versetzen möglichst die gesamte Steinbreite zu nutzen, um einer mittigen Kuhlenbildung vorzubeugen. Da aufgrund der Rolle der Hubweg begrenzt ist, empfiehlt es sich, gelegentlich den Stein um 180° zu drehen, um den Stein auch in voller Länge nutzen zu können.

Überprüfen Sie das Schliffbild und die Rechtwinkligkeit der Schneide zu den Seitenwangen und nehmen Sie gegebenenfalls Korrekturen an der Einspannung vor. Fahren Sie mit der Bearbeitung fort, bis auf der Fasenfläche ein gleichmäßiges Schliffbild vorliegt und auf der Rückseite ein durchgehender Grat aufgeworfen wurde.

Geben Sie Druck auf die Fase, nicht auf die Rolle!

Das Schliffbild nach wenigen Zügen beim Anschleifen eines stumpferen Fasenwinkels.

Wenn ein gleichmäßiges Schliffbild vorliegt, ist der Arbeitsgang mit Körnung 1.000 abgeschlossen.

Auf der Rückseite hat sich ein deutlicher Grat gebildet.

TIPP

Schärfführung: Um mit einer Schärfführung einen zur Längsachse des Eisens rechtwinkligen Schneidenverlauf zu erzeugen, ist eine hohe Parallelität zwischen der Rolle und dem Auflagebett sowie zwischen Spiegel und Rücken des Stecheisens erforderlich. Prüfen Sie die Schärfführung und das Stecheisen unter diesen Kriterien. Handgeschmiedete, japanische oder alte Stecheisen erfüllen diese Voraussetzungen meist nicht und lassen sich aus diesem Grund oft nicht zuverlässig spannen.

Abziehen

Zum Abziehen des Grats und für die Politur verwendet man einen oder mehrere Steine der Körnung 4.000 bis 10.000, je nach Anspruch an die Endschärfe. Dabei ist es ratsam, auf die Schärfführung zu verzichten, da diese bei der Bearbeitung hinderlich ist. Kontrollieren Sie die Planheit des Steins. Abziehsteine nehmen nur wenig Wasser auf, so dass eine Wässerungszeit von ein bis zwei Minuten genügt.

Legen Sie das Eisen quer zur Steinlängsachse mit der Spiegelseite flach auf. Mit den mittleren Fingern der linken Hand üben Sie im vorderen Bereich der Klinge Druck aus, während Sie gleichmäßige Abziehbewegungen längs zur Schneide machen. Wenn die Spiegelfläche vorher bereits gehont wurde, sollte nach wenigen Zügen der Grat beseitigt sein und eine makellose Oberfläche vorliegen.

Zum Abziehen der Fase setzen Sie das Eisen schräg zur Steinlängsrichtung mit der gesamten Fasenfläche auf. Zeige- und Mittelfinger der linken Hand drücken die Fase gegen den Stein, der Daumen stützt sich an der Seitenwange ab, die rechte Hand hält den Neigungswinkel. Durch leichte Kippbewegungen spürt man in den Fingerspitzen der linken Hand die richtige Auflageposition. Machen Sie unter Beibehaltung dieser Position geradlinige Abziehbewegungen in Längsrichtung des Steins. Reduzieren Sie mit zunehmender Feinheit der Schneide den Druck.

Einige Züge sollten genügen, um auch auf der Fasenseite den Grat zu nehmen. Wiederholen Sie gegebenenfalls den Ablauf auf der Vorder- und Rückseite des Eisens, bis eine völlig gratfreie und gleichmäßig polierte Schneide vorliegt.

Schärfetest

Prüfen Sie das Ergebnis Ihrer Bemühungen an einem Stück Fichten-Hirnholz. Wenn man mit dem freihändig geführten Eisen einen dünnen Span abtrennen kann und eine glatte Oberfläche zurückbleibt, hat es zweifelsfrei den Test bestanden. Das mitunter praktizierte Rasieren des Unterarms ist nicht nur in ästhetischer Hinsicht fragwürdig, sondern durch den Säuremantel der Haut auch abträglich für die Schneide.

Der Grat wird auf der Spiegelseite, die ganzflächig aufliegt, mit Bewegungen längs zur Schneide auf einem Stein der Körnung 4.000 oder feiner abgezogen.

Abwechselnd wird auch auf der Fasenseite abgezogen. Nutzen Sie die ganze Fläche des Steins und reduzieren Sie allmählich den Druck.

Abstechen eines dünnen Spans am Hirnholz – Schärfetest bestanden!

2.2 Japanische Stech- und Stemmeisen (*nomi*)

Japanische Stech- und Stemmeisen, in ihrer Heimat *nomi* genannt, erfreuen sich aufgrund ihrer hohen Standzeit und ergonomischen Form auch in Europa zunehmender Beliebtheit. Ihre Besonderheit liegt zum einen im zweischichtigen Klingenaufbau, der eine hohe Härte ermöglicht, und zum anderen in der hohl geschliffenen Spiegelseite.

Durch die mittige Kuhle (*ura*) liegt nur der Rand der Klinge am Werkstück an, wodurch sich der Reibungswiderstand verringert. Aber auch beim Schärfen ist der Hohlschliff von Vorteil, da nicht die gesamte Spiegelfläche bearbeitet werden muss, sondern nur der erhabene Rand. Japanische Eisen sind durch die relativ dicken Klingen besonders für das Schärfen von Hand geeignet, da sie auf dem Stein eine breite Fasen-Auflagefläche haben.

Die Vorgehensweise beim Schärfen ist grundsätzlich ähnlich wie bei westlichen Stecheisen. Beachten Sie aber folgende Besonderheiten:

- Durch ihre hohe Härte vertragen japanische Klingen, die mit Kohlenstoffstahl laminiert sind, keinen Hohlschliff auf der Fasenseite. Er würde die Schneide zu sehr schwächen und die Gefahr von Ausbrüchen stark erhöhen, vor allem bei der Bearbeitung von Hartholz.

ANATOMIE EINES JAPANISCHEN STEMMEISENS

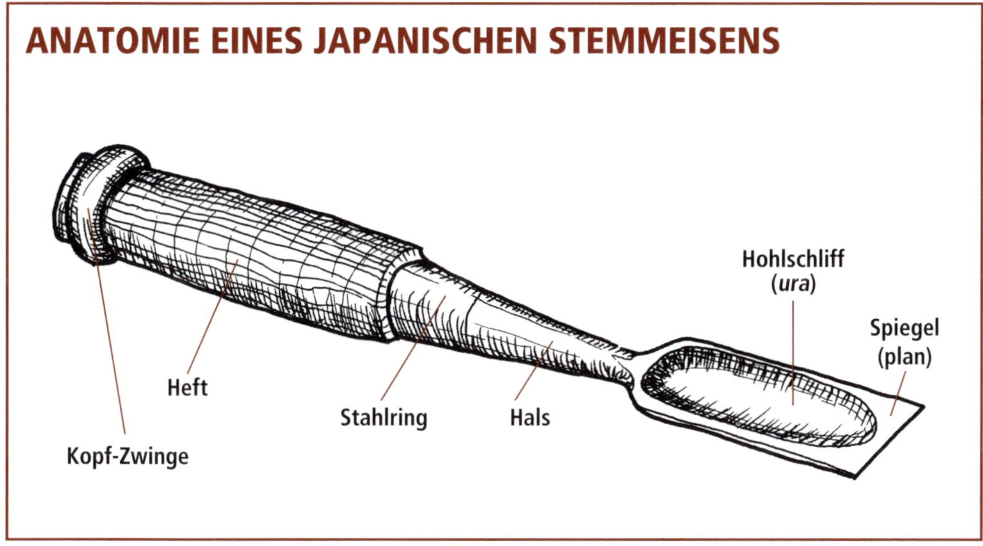

- Beim Schärfen muss man dafür sorgen, dass die Schneidkante nicht in den Bereich des Spiegel-Hohlschliffs gelangt, da sich sonst eine gekrümmte Schneidenlinie ergibt. Man bearbeitet die flach auf dem Stein aufliegende Spiegelseite soweit, dass immer ein geschlossener, ebener Rand hinter der Schneidkante vorliegt. Dazu muss der Abziehstein perfekt plan sein. Der Hohlschliff ist für diesen Zweck von der Schneide nach hinten zu etwas vertieft. Die Kuhle wird daher mit abnehmender Dicke und Länge der Klinge allmählich kleiner (siehe Grafik). Achten Sie darauf, nur so viel wie unbedingt nötig abzutragen, so dass die Kuhle nicht vollständig herausgeschliffen wird.
- Von der Verwendung von Schleifführungen ist bei japanischen Stech- und Hobeleisen abzuraten, da sie sich wegen ihrer relativ dicken, konischen Klingen schlecht spannen lassen.

Abrichten mit Polierstahl

Die Stemmeisen sollten vor Gebrauch auf Planheit geprüft und bei Bedarf abgerichtet werden. Beachten Sie, dass nur der Rand der Spiegelfläche eine Ebene bilden muss. Wie bereits beschrieben, kann man für diesen Zweck einen diamantbeschichteten Schärfblock benutzen. Japanische Handwerker bevorzugen zum Abrichten von Stemm- oder Hobeleisen jedoch eine plangefräste Stahlplatte (sogenannter „Polierstahl“), mit Siliziumkarbid-Pulver (Karborund) als Schleifmittel. Technisch wird dieser Prozess als „Läppen“ bezeichnet.

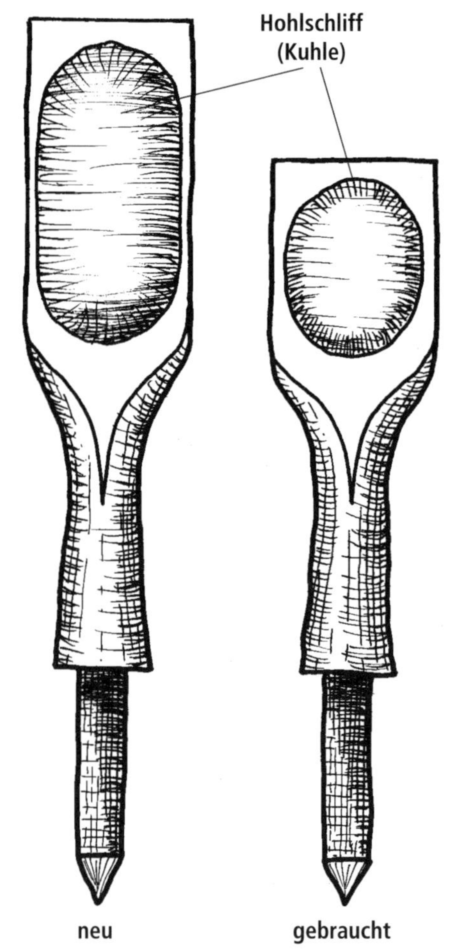

Die Kuhle wird durch die Bearbeitung der Spiegelfläche mit abnehmender Dicke und Länge der Klinge kleiner. Ihr Abstand von der Schneide sollte nicht mehr als 4 mm betragen.

Schwärzen Sie die Spiegelseite des *nomi* zunächst mit einem wasserfesten Markierstift. Streuen Sie auf die rutschfest liegende Platte eine geringe Menge Pulver, je nach Korrekturbedarf verwendet man Körnung 50 oder 180. Geben Sie ein paar Spritzer Wasser dazu und bearbeiten Sie die Spiegelfläche des quer liegenden Eisens in geradlinigen Bewegungen, während die Finger mittig Druck ausüben. Arbeiten Sie anfänglich mit kräftigem Anpressdruck, wobei sich das Pulver zerreibt und feinkörniger wird. Kontrollieren Sie den Abtrag: Durch die Schwärzung sind noch vorhandene Vertiefungen deutlich erkennbar.

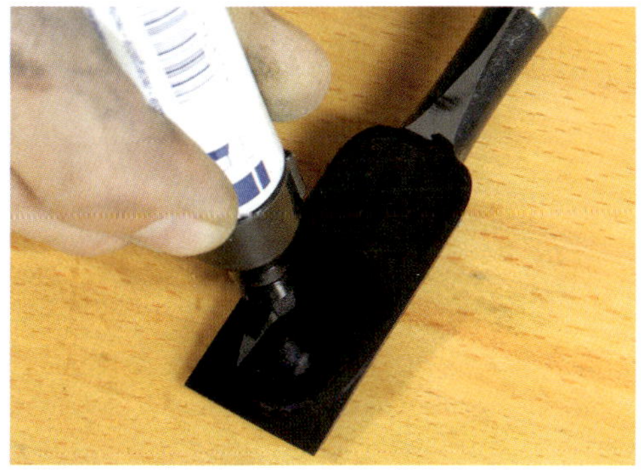

Durch Schwärzen der Spiegelfläche mit einem wasserfesten Stift sind Vertiefungen nach der Bearbeitung besser erkennbar.

Eine geringe Menge Schleifpulver wird auf den Polierstahl aufgebracht.

Unter kräftigem Anpressdruck zerreibt sich das Pulver, wobei zusammen mit dem Wasser eine polierende Paste entsteht.

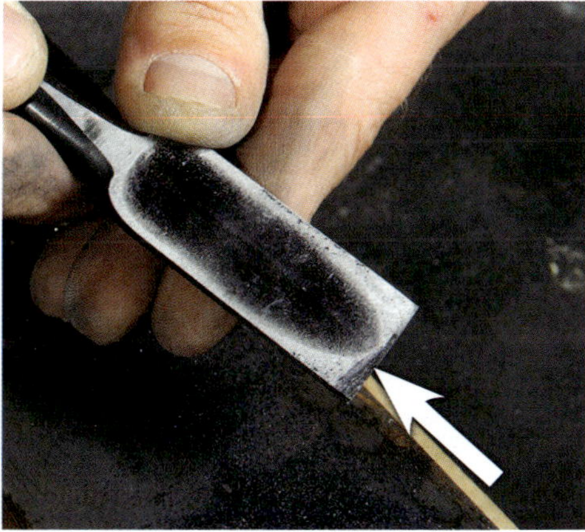

An der mit Pfeil gekennzeichneten Stelle besteht noch Korrekturbedarf.

Unter dosierter Wasserzugabe nimmt das Schleifmittel allmählich eine pastöse Konsistenz mit polierender Wirkung an. Reduzieren Sie mit zunehmender Feinheit den Anpressdruck und die Wasserzugabe. Fahren Sie fort, bis ein homogenes Schliffbild vorliegt und kontrollieren Sie erneut mit einem Haarlineal die Planheit.

Tragen Sie nur so viel Material ab, wie unbedingt zur Herstellung der Planheit erforderlich ist. Vermeiden Sie das vollständige Herausschleifen der *ura*. Für die Endpolitur entfernt man den Abrieb und führt nur noch auf der blanken, mit Wasser benetzten Stahlplatte einige Züge durch. Diese Methode ist insofern elegant, als man für den gesamten Prozess mit einem Schleifmittel auskommt.

Schärfen der Fase

Die Fase wird frei Hand geschärft und abgezogen. Setzen Sie das Eisen diagonal (etwa 45°) zur Schleifstein-Längsrichtung mit der Fasenfläche auf den Stein auf. *Nomi* verfügen in der Regel über dicke Klingen und entsprechend breite Fasenflächen, die das Einhalten des korrekten Winkels begünstigen. Auch die Schrägstellung erleichtert während der Schärfzüge die Einhaltung des Fasenwinkels, da das Kippmoment verringert wird. Die konstante Beibehaltung des Fasenwinkels ist der entscheidende Faktor während des gesamten Schärfprozesses.

Die rechte Hand führt das Werkzeug am Heft und bestimmt den Fasenwinkel (für Linkshänder gilt das Gesagte analog umgekehrt). Zeige- und Mittelfinger der linken Hand drücken die Fase gegen den Stein, der Daumen stützt sich an der Seitenwange ab. Es ist wichtig, dass der Druck nahe an der Schneide aufgebracht wird. Falls der Anpressdruck zu weit hinten liegt, wird tendenziell ein zu flacher Fasenwinkel erzeugt. Lassen Sie jedoch die Fingerkuppen nicht auf dem Schleifstein aufliegen, da dies zum schmerzhaften Durchscheuern der Haut führen würde.

Machen Sie unter Beibehaltung dieser Position geradlinige Schärfzüge, wobei sowohl bei der Vor- wie bei der Rückbewegung Druck aufgebracht wird. Um das Wippen zu vermeiden, arbeiten Sie aus den Armen heraus und nicht mit dem Oberkörper. Kontrollieren Sie wiederholt das Schliffbild auf der Fasenfläche sowie die Gratbildung. Sobald sich an der Fase ein einheitliches, ge-

TIPPS

Geschlossener Rand: Falls durch den Abtrag an der Fasenfläche die Schneidenlinie in den Bereich des Hohlschliffs kommt, muss die Spiegelseite soweit abgetragen werden, bis sich wieder ein geschlossener Rand ergibt (ansonsten hätte man eine krumme Schneidenlinie).

Lange Züge: Achten Sie darauf, möglichst lange Züge (¾ Steinlänge) zu machen und durch seitliches Versetzen die gesamte Steinbreite zu nutzen. So beugt man der Kuhlenbildung und ungleichen Abnutzung des Steins vor.

Einfacher Bewegungsablauf: Beschränken Sie sich beim Freihandschärfen auf wenige, aber kontrollierte Bewegungen und trainieren Sie diese konzentriert. Machen Sie nur geradlinige Schärfzüge, da diese hinsichtlich des Neigungswinkels besser beherrschbar sind als beispielsweise kreis- oder achtförmige Bewegungen. Übung macht den Meister!

schlossenes Schliffbild zeigt und an der Schneidenoberkante ein durchgehender Grat spürbar ist, dreht man die Klinge um und macht ein paar Züge mit der flach aufliegenden Spiegelseite, um den Grat zu nehmen. Nun ist dieser Bearbeitungsschritt abgeschlossen.

Abziehen

Nach dem Schärfen kann man direkt auf einen Stein der Körnung 4.000-10.000 zur Feinbearbeitung und dem Abziehen übergehen. Die noch vorhandenen Riefen des gröberen Steins werden dabei beseitigt. Der Ablauf ist der gleiche wie beim Schärfen. Das Eisen wird bei der Bearbeitung der Fase mit der Schneide schräg zur Längsrichtung des Stein geführt und die Fasenfläche in geradlinigen Zügen poliert.

Abziehen der Fase auf einem Stein der Körnung 10.000.

Sobald ein gleichmäßiges Schliffbild vorliegt und sich ein durchgehender, nun sehr feiner Grat gebildet hat, wendet man das Eisen und zieht den Grat mit flach aufliegender Spiegelfläche ab. Dabei macht man geradlinige Bewegungen längs zur Schneide. Wiederholen Sie diesen Ablauf mit abnehmendem Druck und wenig Wasserzugabe, bis sich eine feine Spiegelpolitur ergibt und die Schneide beiderseits gratfrei ist.

Trocknen Sie schließlich das Eisen und ölen Sie die Klinge dünn mit einem nicht harzenden und nicht flüchtigen Konservierungsöl (beispielsweise Kamelienöl). Das Stecheisen ist nun bereit zum Einsatz. Obwohl der Ablauf aufwändig erscheint, nimmt das Nachschärfen eines Stecheisens nur wenige Minuten in Anspruch, vorausgesetzt es ist frei von Scharten.

Abziehen der Spiegelseite: Geradlinige Bewegungen längs zur Schneide.

Gleichmäßig poliert und gratfrei ist das *nomi* nun gebrauchsfertig.

Der japanische Hobelkastenmacher stemmt die Spanlöcher in sitzender Arbeitshaltung aus. Dabei fixiert er den Hobelkörper aus abgelagertem Hartholz *(kashi)* mit dem Fuß.

TIPPS FÜR DAS STEMMEN

Dosiert schlagen: *Nomi* mit Zwinge werden in der Regel mit einem Eisenhammer (*genno*) getrieben. Das ermöglicht eine gezieltere und besser dosierte Schlagführung als mit dem Holzklüpfel.

Kurz führen: Für genaue Arbeiten wird das Stecheisen klingennah an der konischen Tülle geführt.

Nicht hebeln: Arbeiten Sie geradlinig und seien Sie vorsichtig beim Heraushebeln von Spänen, um Scharten an der sehr harten Schneide zu vermeiden.

HOBEL

Nicht ohne Grund ist der Hobel das Kultwerkzeug des Schreiners. Wie keine andere Technik bringt das Hobeln die natürliche Schönheit einer Holzmaserung zur Geltung. Doch nicht nur beim Putzen von Flächen, auch beim Schruppen, Abrichten, Fugen, Fälzen, Bestoßen von Hirnholz oder Profilieren ist ein scharfes Hobeleisen unverzichtbar. Es erleichtert die Arbeit, erhöht die Präzision und verringert das Fehlerrisiko.

3.1 Westliche Hobel

In seiner mehr als zweitausendjährigen Entwicklungsgeschichte haben sich zahllose Varianten dieses Werkzeugs herausgebildet. Die erstaunliche Vielfalt kann man in diversen Hobelmuseen bewundern. Die Eisen und die damit ver-

(1) Raubank, französisch
(2) Präzisions-Bankhobel mit mechanischen Einstellhilfen, kanadisch (Veritas)
(3) Schweifhobel, chinesisch
(4) Präzisions-Einhandhobel, USA (Lee Nielsen)
(5) Schweifhobel, englisches Modell
(6) Kleiner Putzhobel, österreichisch
(7) Putzhobel (*kanna*), japanisch
(8) Doppeleisen-Profilhobel (sogenannter Kittfalzhobel), österreichisch

bundenen Schärfmethoden lassen sich dagegen in wenigen Gruppierungen zusammenfassen: gerade Eisen, mit und ohne Spanbrecher, mit scharfen oder abgerundeten Kanten, schräge, ballige und profilierte Eisen. Japanische Hobeleisen verdienen durch ihren zweischichtigen Aufbau und die konische, auf der Spiegelseite hohl geschliffene Form eine eigene Betrachtung (siehe Kap. 3.2).

Für das Schärfen des Eisens, ebenso wie für seine korrekte Einstellung, ist es wesentlich, die Funktionsweise des Hobels zu verstehen. Das Hobeln beruht auf dem Prinzip eines Eisens mit schneidender (beim Schabhobel auch schabender) Funktion, das in einem Korpus unter einem bestimmten Winkel (Schnittwinkel) zwangsgeführt wird.

Da Holz ein Faserwerkstoff ist, besteht abhängig vom Faserverlauf und dem Schnittwinkel eine Tendenz zum „voreilenden Schnitt". Dabei wird das Holz nicht am Ort des Schneideneingriffs sauber durchtrennt, sondern in Faserrichtung durch die Keilwirkung des Eisens gespalten. Die Folgen sind, vor allem bei abfallendem Faserverlauf („Hobeln gegen die Faser"), Einrisse und Defekte an der Holzoberfläche. Das Problem wird gravierender, je flacher der Schnittwinkel, also die Neigung des Eisens im Hobelkörper ist.

Andererseits verringert sich mit flacherem Schnittwinkel der Schnittwiderstand – ein hinsichtlich der Arbeitskräfte wünschenswerter Effekt. Der daraus resultierende, technische Zielkonflikt führt in der Praxis zu Schnittwinkeln von etwa 35° bis 50°. Bei Hobeln mit rein schabender Funktion kann das Eisen jedoch auch nahezu senkrecht stehen.

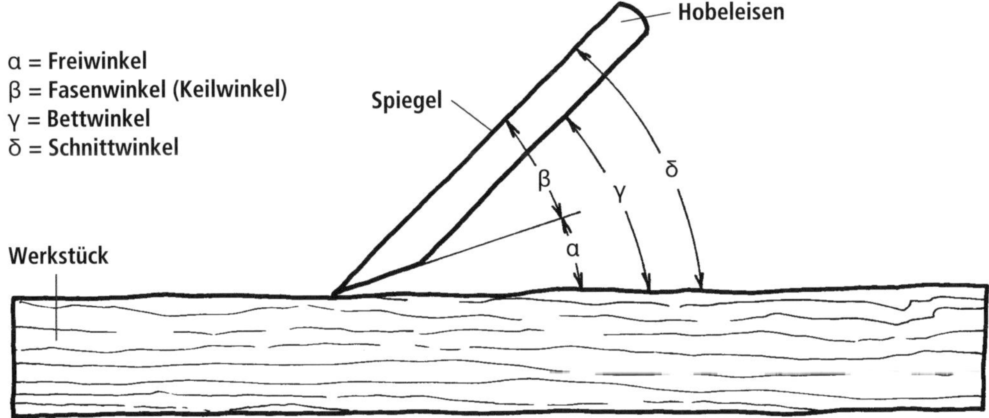

Um selbst bei ungünstigem, also abfallendem oder wechselndem Faserverlauf noch brauchbare Oberflächen zu erzeugen, haben Putz- und Bankhobel in der Regel einen Spanbrecher. Dabei handelt es sich um ein zweites, an der Spiegelseite anliegendes Eisen, dessen Vorderkante („Lippe“) nahe an der Schneide den Span nach oben ablenkt und damit die spaltende Wirkung verringert. Auch eine kleine Maulöffnung verringert die Einrissgefahr, da die Vorderkante des Mauls Druck auf die Holzoberfläche ausübt und damit der Spalttendenz entgegenwirkt.

Auf das Schneidverhalten wirkt sich selbstverständlich auch die Ausbildung der Schneide selbst aus, also ihre Schärfe und der Fasenwinkel (auch Keilwinkel genannt). Je schärfer das Eisen und je kleiner der Fasenwinkel ist, umso geringer ist der Schnittwiderstand und die spaltende Wirkung. Allerdings sind einer Verringerung des Fasenwinkels werkstofftechnische Grenzen gesetzt.

Eine weitere Möglichkeit zur Verbesserung des Schneidverhaltens besteht in einer schrägen Anordnung des Eisens im Korpus, wodurch sich der effektive Fasenwinkel verkleinert (siehe Grundlagen). Dieses Konstruktionsprinzip findet man vereinzelt bei Blockhobeln. Den gleichen Effekt hat das oft bei schwieriger Faserstruktur praktizierte Schrägstellen des Hobels (Prinzip des „ziehenden Schnitts“).

Falsch: Der voreilende Schnitt führt bei zu großer Maulöffnung und zu weit hinten liegender Spanbrecherlippe zu Einrissen.

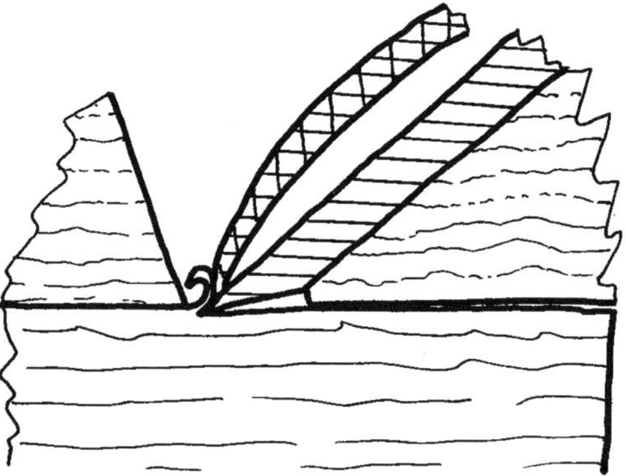

Richtig: Die Tendenz zum voreilenden Schnitt wird durch eine kleinere Maulöffnung und richtig platzierten Spanbrecher vermindert.

Universal-Bankhobel mit mechanisch verstellbarem Eisen und Spanbrecher.

Darüber hinaus gibt es noch die Möglichkeit, das Eisen mit nach oben liegender Fase anzuordnen. Das hat den Vorteil, dass die Auflagefläche im Bett bis nahe an die Schneide heranreicht, wodurch die Vibrationen besser gedämpft werden. Allerdings schließt diese Bauweise wiederum die Verwendung eines Spanbrechers aus.

Wir haben es also beim Hobel mit einem komplexen Zusammenspiel verschiedenster Einflussfaktoren zu tun, bei dem die Schärfe des Hobeleisens jedoch immer eine zentrale Rolle spielt.

Gerade Eisen mit Spanbrecher

Die meisten geraden Hobeleisen sind mit einem Spanbrecher ausgestattet. Man spricht auch von „Doppeleisen“ beziehungsweise von einem „Doppelhobel“. Für eine gute Funktion muss die Spanbrecherlippe absolut plan auf der Spiegelseite des Hobeleisens aufliegen, so dass der Span nach oben wegläuft und sich nicht verklemmt. Unsere Aufgabe ist also nicht nur das Schärfen des Eisens, sondern auch das Anpassen des Spanbrechers.

Das gerade, rechteckige Hobeleisen entspricht in seiner Grundform einer Stecheisenklinge – und entsprechend wird es auch geschärft. Noch wichtiger als beim Stecheisen ist hier eine absolut plane Spiegelseite. Sie ist Voraussetzung für eine lückenlose Passung mit dem Spanbrecher.

Das Eisen ist immer einseitig angeschliffen, mit einem vom Einsatzzweck abhängigen Fasenwinkel. Er liegt zwischen 20° für feine Putzarbeiten bei weichem Holz bis zu 60° beim Schabhobel. Ein Richtwert für die meisten Bank- und Universalhobel ist 25°. Das Optimum sollte man abhängig vom Einsatzzweck und dem Hobeleisenstahl selbst ermitteln.

Lichtspaltkontrolle der Planheit eines Hobeleisens mit dem Haarlineal.

Vorteilhaft ist es, wenn Sie für jeden Hobel eines oder mehrere Ersatzeisen haben, die unterschiedlich steil angeschliffen sind (beispielsweise 22° für die Feinarbeit oder 28° für das Schruppen) beziehungsweise eine unterschiedliche Schneidenkontur aufweisen. Zu empfehlen ist generell ein gerader Fasenanschliff, also ohne Sekundärfase oder Mikrofase (aus den im vorigen Kapitel erläuterten Gründen).

Abrichten der Spiegelseite auf einem Diamant-Kombiblock.

Politur der Spiegelfläche auf einem Stein der Körnung 10.000.

Bei neuen Eisen prüfen Sie also zuerst die Planheit der Spiegelfläche mit einem Haarlineal und die Rechtwinkligkeit der Schneide mit einem kleinen Anschlagwinkel. In beiderlei Hinsicht besteht meist Korrekturbedarf. Falls die Schneidenlinie nicht rechtwinklig zu den Seitenwangen verläuft, lässt sich das Eisen meist nicht korrekt einstellen. Das Abrichten der Spiegelfläche und die Korrektur eines nicht rechtwinkligen Schneidenverlaufs gehört deshalb zu den wichtigsten vorbereitenden Maßnahmen beim Hobeleisen-Schärfen.

Abrichten der Spiegelfläche

Man geht ähnlich vor wie bei einem Stecheisen. Im Gegensatz zum Stecheisen ist es jedoch nicht erforderlich, die gesamte Spiegelfläche des Hobeleisens zu bearbeiten. Man kann sich auf den vorderen Bereich von etwa 20 mm beschränken. Man verwendet am besten einen Diamant-Schärfblock der Körnung 120 bis 320, je nach Korrekturbedarf.

Legen Sie das Eisen quer zur Steinlängsachse flach auf und üben Sie mit den Fingern der linken Hand Druck aus. Machen Sie gleichmäßige Längsbewegungen, wobei in beiden Richtungen Druck aufgebracht wird. Die linke Hand schiebt und drückt, die rechte führt das Eisen am hinteren Ende. Ein Dutzend Striche sollten genügen, um ein homogenes Schliffbild und damit eine ebene Fläche zu erzeugen. Kontrollieren Sie das Ergebnis mit dem Haarlineal und fahren Sie auf Wassersteinen feinerer Körnung (2.000-10.000) in gleicher Weise fort, um die Fläche weiter zu glätten.

Eine alternative Methode zum Abrichten der Spiegelseite ist die Bearbeitung auf einer Stahlplatte unter Verwendung von Siliziumkarbidpulver, wie bei den Stecheisen beschrieben.

Grundschliff

Korrekturen am Fasenwinkel oder am Verlauf der Schneidenlinie werden beim Grundschliff vorgenommen. Am besten eignet sich dazu eine wassergekühlte Schärfmaschine mit Schleifführung, beispielsweise das hier gezeigte Tormek-Schärfsystem. Es verfügt serienmäßig über eine Schärfscheibe mit 220er Körnung, feinere (japanische) Scheiben sind optional erhältlich. Der gewünschte Fasenwinkel kann mit einer Einstelllehre bestimmt und das Hobeleisen entsprechend in der 90°-Schärfführung eingespannt werden.

Kontrolle des Fasenwinkels mit einer Winkellehre.

Beim Grundschliff mit einer wassergekühlten Schärfmaschine wird der gewünschte Fasenwinkel hergestellt und eine eventuelle Abweichung von der Rechtwinkligkeit korrigiert.

Der einseitige Abtrag weist auf weiteren Korrekturbedarf hin.

Gleichmäßiges, jedoch noch relativ grobes Schliffbild mit deutlich erkennbarer Gratbildung nach der Bearbeitung mit 220er Körnung.

Man schleift in der Regel „von der Schneide weg“, unter kräftigem Anpressdruck und oszillierenden, seitlichen Bewegungen. Kontrollieren Sie, ohne das Eisen auszuspannen, wiederholt das Schliffbild mit Winkellehre und Anschlagwinkel und nehmen Sie bei Bedarf Korrekturen an der Einstellung vor. Sobald über die gesamte Fasenfläche ein gleichmäßiges Schliffbild vorliegt, ist der Grundschliff abgeschlossen und das Eisen bereit für die weitere Feinbearbeitung.

Schärfen und Abziehen der Fase

Die Hobeleisen westlicher Hobel sind meist relativ dünn, was eine freihändige Kontrolle über den Fasenwinkel erschwert. In der Lernphase ist deshalb die Benutzung einer Schleifführung vorteilhaft. In unserem Fall kommt ein Modell zur Anwendung, das durch die seitliche Spannfunktion das Eisen zentriert und genau rechtwinklig klemmt (vorausgesetzt, die Führung selbst ist in entsprechender Präzision hergestellt). Als Schleifstein dient ein King-Hyper-Blockstein der Körnung 1.000, der sich durch eine relativ offene Bindung und ein aggressives Schneidverhalten auszeichnet.

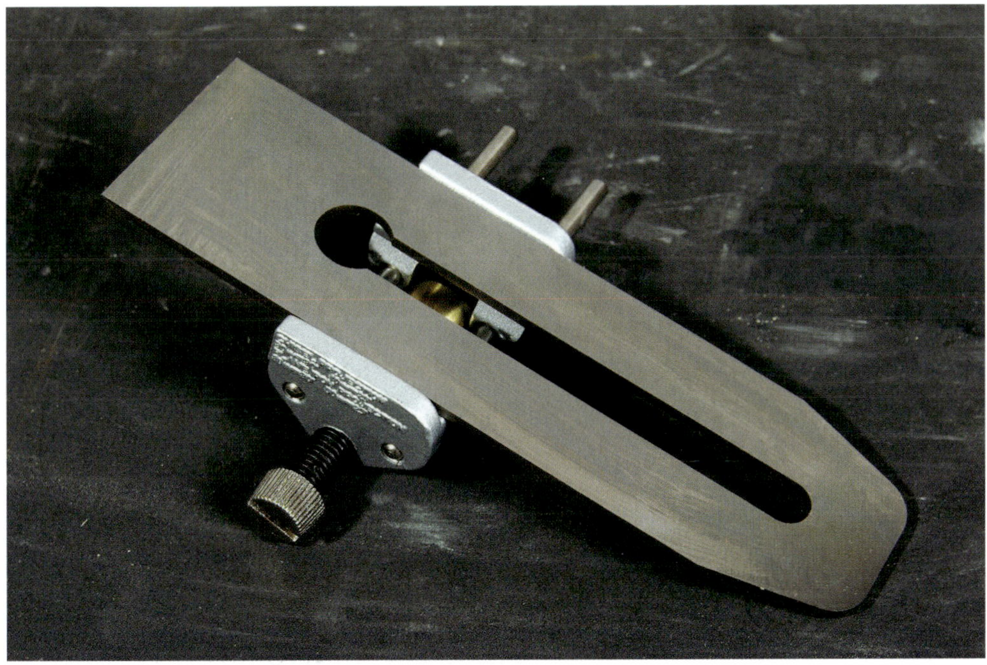

In dieser Schleifführung mit seitlichen Spannbacken wird das Eisen zentriert und rechtwinklig gespannt.

Das Eisen wird im vorgegebenen beziehungsweise gewünschten Fasenwinkel in der Schleifführung gespannt. Bearbeiten Sie nun das Eisen mit gleichmäßigen Vor- und Rückbewegungen, wobei Sie Druck auf die Schneide und nicht auf die Rolle geben. Achten Sie auf Ihre Fingerkuppen: Sie sollen nahe an der Schneide liegen, jedoch den Stein nicht berühren, da ansonsten die Haut durchgeschliffen wird.

Überprüfen Sie wiederholt das Schliffbild. Setzen Sie die Bearbeitung fort, bis ein einheitliches Schliffbild über die gesamte Eisenbreite vorliegt und auf der Rückseite ein gleichmäßiger Grat aufgeworfen wurde. Nun dreht man die Klinge um und macht einige wenige Züge längs zur Schneide mit der flach aufliegenden Spiegelseite, um den Grat abzunehmen.

Setzen Sie die Bearbeitung unter Beibehaltung der Einspannung auf den feineren Steinen in der gleichen Weise fort. Man bearbeitet die Fase, bis jeweils die Schleifspuren des vorherigen Steins beseitigt sind, und zieht dann den Grat ab. Dazu bedarf es meist nur weniger Züge.

Kontrollieren Sie den Fasenwinkel und den Kontakt der Schneidkante auf dem Stein.

Schärfen Sie mit gleichmäßigen Vor- und Rückbewegungen, wobei der Druck auf der Fase und nicht auf der Rolle liegen sollte.

Eine durchgehende, dünne Glanzlinie entlang der Schneidkante kennzeichnet einen gleichmäßigen Abtrag. Aufgrund des Hohlschliffs besteht beim Schärfen und Abziehen auf dem Blockstein kein ganzflächiger Kontakt.

Wenn man während der Bearbeitung auf dem jeweiligen Stein allmählich die Wasserzugabe reduziert, bildet sich auf der Steinoberfläche eine cremige Paste, die zusätzlich polierend wirkt. Spülen sie das Eisen nach jedem Durchgang gründlich, um den Abrieb des gröberen Steins restlos zu beseitigen.

Von Ihrem Anspruch und der beabsichtigten Verwendung hängt es ab, wie fein Sie die Schneide auspolieren. So ist für das Schrupphobeln in der Regel ein Stein der Körnung 4.000 ausreichend, während man für das Putzhobeln von weichen Hölzern bis zu Körnung 16.000 verwenden kann. Es gilt die Regel: Je weicher das Holz ist, umso schärfer sollte die Klinge sein!

Spanbrecher

Obwohl der Spanbrecher wesentlich für eine gute Funktion des Hobels ist, wird ihm meist zu wenig Aufmerksamkeit geschenkt. Dabei ist das Optimieren des Spanbrechers eine Aufgabe, die nur einmal bei der Vorbereitung eines neuen (oder gebrauchten) Hobels anfällt.

Entscheidend ist, dass seine Vorderkante, die sogenannte Lippe, fugenlos über die gesamte Breite auf der Spiegelfläche aufliegt. Dazu ist es erforderlich, dass die Passfläche absolut plan ist und keine sichtbaren Bearbeitungsriefen aufweist. Eine perfekte Passung zwischen Hobeleisen und Spanbrecher verhindert nicht nur, dass sich Späne festsetzen, sondern trägt auch zur Dämpfung, also einem ruhigeren Lauf des Hobels, und einem besseren Arbeitsergebnis bei.

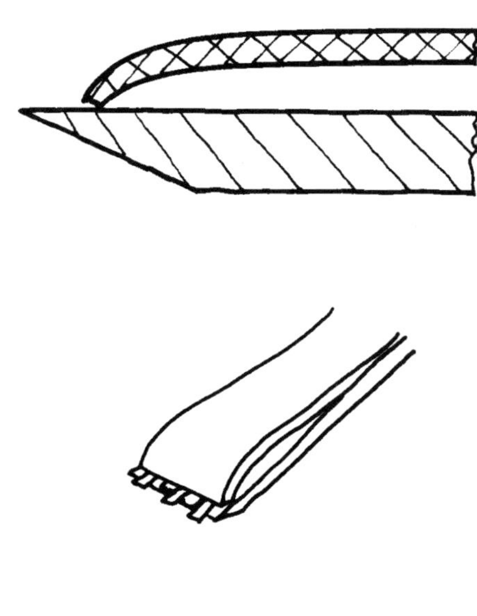

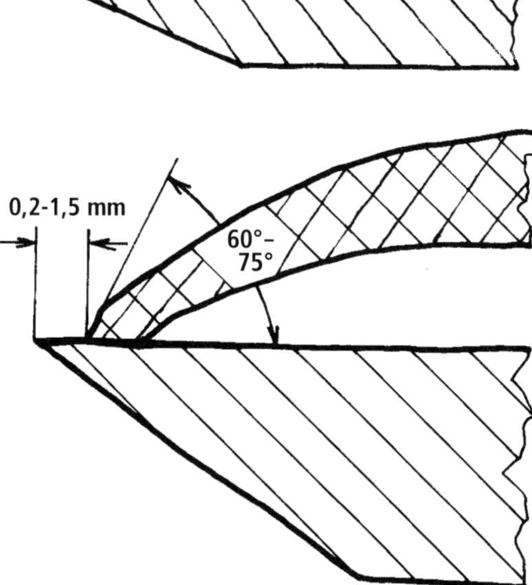

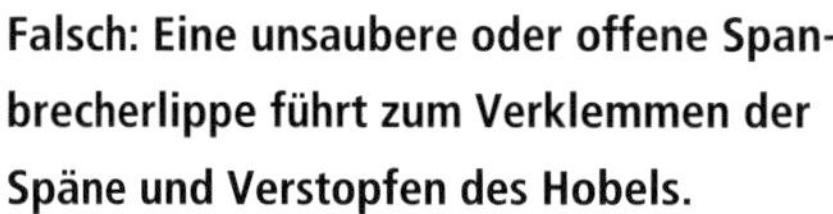

Falsch: Eine unsaubere oder offene Spanbrecherlippe führt zum Verklemmen der Späne und Verstopfen des Hobels.

Richtig: Die Spanbrecherlippe muss lückenlos nahe an der Schneide anliegen. Eine Mikrofase an der Vorderkante von 60° bis 75° ist vorteilhaft.

Den Sitz des Spanbrechers auf dem Eisen prüfen Sie durch eine Lichtspaltkontrolle: Passungsprobleme offenbaren sich, wenn man gegen das Licht schräg von hinten in die Eisen/Spanbrecher-Kontaktzone peilt. Die Planheit der Unterkante der Lippe prüft man mit dem Haarlineal.

Meist ist bei neuen Hobeln eine Nachbearbeitung erforderlich. Dazu verwendet man am besten einen feinkörnigen Diamantschärfblock (Körnung 320-600). Man setzt den Spanbrecher mit der Passfläche in Längsrichtung auf, wobei die hintere, freie Kante etwa einen Zentimeter tiefer liegen soll als die Steinebene. So wird gewährleistet, dass bei der Montage nur die Vorderkante der Lippe das Eisen berührt und der Span sauber abläuft, ohne sich zu verklemmen. Um die erforderliche Neigung während der Bearbeitung einzuhal-

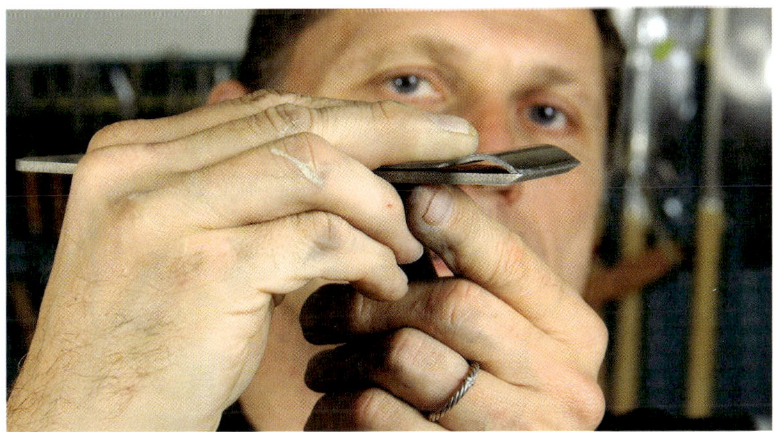

Zur Prüfung der Passung muss der Spanbrecher zuerst richtig auf dem Hobeleisen positioniert werden. Man peilt dann schräg gegen das Licht in den Spalt zwischen Eisen und Spanbrecher.

Wenn man die Hinterkante des Spanbrechers auf einem Holzklotz aufliegen lässt, dessen Niveau etwa 1 cm unter dem des Diamantschleifblocks liegt, wird ein ausreichender Freiwinkel an der Spanbrecherlippe erzeugt.

ten, verwenden Sie einen entsprechend dimensionierten Holzklotz (Steinniveau minus 1 cm) als Auflage für die hintere Spanbrecher-Kante.

Machen Sie nun in dieser Anordnung Züge in Längsrichtung, wobei Sie gleichmäßig Druck auf die Kante geben. Die Finger der linken Hand drücken nieder und schieben, die Rechte führt, ganz genau wie beim Hobeleisen. Zur Kontrolle hilft auch hier das Schwärzen mit dem Markierstift. Tragen Sie nur so viel Material wie unbedingt nötig ab. Meist genügen einige wenige Züge, da der Spanbrecher in der Regel nicht gehärtet ist. Sobald die Fläche eben ist, kann man sie zusätzlich auf einem feinen Wasserstein (Körnung 1.000-4.000) glätten, um die Passung weiter zu verbessern.

Um die Spanbrecher-Vorderkante zu glätten und anzufasen, macht man unter Einhaltung des Neigungswinkels ein paar Züge von der Schneide weg.

Die Vorderkante sollte anschließend völlig gratfrei und sauber poliert sein.

Sorgfalt beim Schärfen des Hobeleisens und der Vorbereitung des Spanbrechers wird durch eine perfekte Funktion belohnt!

Nun müssen wir noch die Vorderkante des Spanbrechers entgraten, so dass sie glatt und exakt geradlinig ist. Zugleich bringen wir an der Vorderkante eine kleine Mikrofase an, um die spanbrechende Wirkung zu verbessern. Nach neueren wissenschaftlichen Untersuchungen sollte die Mikrofase in einem Winkel von 60° bis 75° zur Spiegelfläche stehen. Unter Verwendung eines Geodreiecks oder Winkelmessers als Peilhilfe setzen wir den Spanbrecher mit der Lippe auf einen Abziehstein (Körnung 4.000-10.000) im vorgesehenen Neigungswinkel auf. Unter Beibehaltung dieser Position macht man einige wenige Züge von der Schneide weg, um den Grat wegzunehmen und gleichzeitig die gewünschte Mikrofase von etwa 0,5-1,0 mm Breite zu erzeugen. Schließlich kann man für einen noch besseren Spanablauf die Kante zusätzlich mit Leder polieren.

Prüfen Sie erneut die Passung auf dem Eisen. Installieren Sie nun den Spanbrecher so, dass seine Vorderkante sehr nahe an der Hobeleisenschneide und exakt parallel dazu verläuft. Der Abstand sollte je nach Verwendungszweck zwischen 0,2 mm (sehr geringe Spanabnahme, weiches Holz) und 1,5 mm (dickere Späne, hartes Holz) betragen. Um die optimale Einstellung zu finden, lohnt es sich, abhängig von der Holzart Versuche zu machen.

TIPPS ZUR HOBELOPTIMIERUNG

Klappenpassung: Eine gute Passung zwischen der Vorderkante der Klappe, die das Eisen im Bett fixiert, und dem Spanbrecher trägt zur Unterdrückung von Vibrationen des Hobeleisens bei. Falls der Kontakt nur unvollständig ist, sollte man die Klappenlippe mit der Feile nacharbeiten.

Bettauflage: Eine möglichst großflächige, lückenlose Auflage des Hobeleisenrückens im Hobelbett dämpft Vibrationen und sorgt für einen ruhigen Lauf des Hobels. Prüfen Sie die Kontaktfläche durch eine Farbmarkierung und arbeiten Sie bei Bedarf das Bett nach.

Schneidenkontur

Beim normalen Schärfen entsteht eine geradlinige Schneide mit scharfen, rechtwinkligen Ecken. Das ist für universelle Bank- und Blockhobel, zum Fugen, Schlichten, Nuten, Hirnholzhobeln oder Herstellen von Verbindungen

EXPERTENTIPPS

Der Schreinermeister und Berufschullehrer Peter Winklhofer holte sich mit ultradünnen, makellosen Hobelspänen schon wiederholt den Titel des „Deutschen Hobelmeisters". Dass er es schafft, von dem 1,3 Meter langen und 4,5 cm breiten Fichtenblock durchgehende Späne von weniger als einem Hundertstel Millimeter Stärke abzuziehen, hat nichts mit Zauberei zu tun, sondern vor allem mit der Schärfe des Hobeleisens. Bereitwillig gewährt er uns Einblick in seinen Erfahrungsschatz:

- *Achten Sie peinlichst darauf, dass keine groben Schleifpartikel auf die feineren Steine gelangen. Ein einziges grobes Korn kann schon die Ergebnisse der vorausgegangenen Schärfbemühungen zunichte machen!*
- *Um die zu bearbeitende Fläche und damit den Schärfaufwand zu reduzieren, empfehle ich, die Fase des*

Der „Deutsche Hobelmeister" Peter Winklhofer beim Abziehen eines Hobeleisens in Schneidenlängsrichtung auf einem Shapton-Stein.

die geeignete Geometrie. Beim Putzen von Flächen jedoch hinterlassen die scharfkantigen Ecken unschöne Riefen.

Zu ihrer Vermeidung gibt es die Möglichkeit, die Ecken etwas abzurunden. Das Nachschärfen dieser kleinen Radien ist jedoch relativ schwierig. Alternativ kann man das Eisen über die gesamte Breite leicht ballig schleifen, wodurch die Ecken nicht mehr im Eingriff sind. Dabei sollte die Wölbung nicht mehr als eine Spandicke, also maximal 1/10 mm sein. Mit dieser sogenannten „Bombierung" lässt sich auch über größere Flächen ein sehr homogenes Oberflächenbild erzeugen.

Davon zu unterscheiden sind stark profilierte Eisen mit Wölbungen bis zu 4 mm, wie sie beim Schrupphobel zum Abtragen dicker Späne, für grobe Abrichtarbeiten oder zur Erzeugung strukturierter Oberflächen zum Einsatz kommen.

Hobeleisens mit der Tormek-Maschine (im Nassschleifverfahren) leicht hohl zu schleifen. Das Eisen liegt somit nur an zwei Stellen – hinten und an der Schneidkante – auf. Das Schärfen der Schneide auf den Blocksteinen kann so besser kontrolliert werden. Beachten Sie jedoch, dass durch den Hohlschliff die Schneide etwas geschwächt wird.

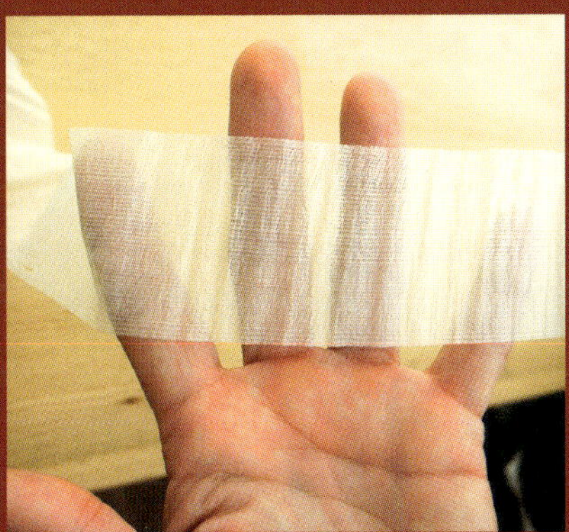

Um solche Späne zu erzeugen, muss das Eisen rasiermesserscharf sein!

- *Ich benutze für die Feinarbeit überwiegend Shapton-Steine bis Körnung 10.000. Die Art der Steine muss zum Klingenstahl passen.*
- *Die letzten Abziehbewegungen auf den feinsten Steinen mache ich immer in Schneiden-Längsrichtung. Dadurch ist die Riefenbildung geringer, und man bekommt eine glattere Schneidkante.*
- *Ich benutze ein japanisches, zweilagiges Hobeleisen in einem selbst gebauten Hobelkasten. Um einen möglichst glatten Span zu erzeugen, arbeite ich ohne Spanbrecher.*

Zum Herstellen der leicht konvexen Schneidenkontur gibt es verschiedene Methoden. Zu empfehlen ist folgende Vorgehensweise:

Führen Sie das Eisen beim Abziehen auf einem feinen Wasserstein (Körnung 6.000 und feiner) wie gewohnt in Längsbewegungen über den Stein, mit der Schneide quer zur Steinlängsachse. Bei der Rückwärtsbewegung, also zum Körper hin, üben Sie mit den Fingern der linken Hand jeweils einseitigen Druck auf die Fase aus, etwa sechs Züge Druck links, sechs Züge Druck rechts. Beim Zurückschieben reduzieren Sie den Druck, um durch die Verkantung den Stein nicht zu beschädigen.

Wiederholen Sie diesen Ablauf des wechselseitigen Drückens, bis das gewünschte Ergebnis erzielt ist. Eine Wölbung von 1/10 mm, abzuschätzen durch Anlegen eines Anschlagwinkels, sollte genügen. Nach dem Abziehen des rückseitigen Grats ist das Eisen bereit für flächige Putzarbeiten.

Die Form der Schneidenlinie hängt vom Anwendungszweck ab:

(a) Gerade Schneide mit scharfen Kanten: zum Fügen, Schlichten, Nuten, Fälzen, Hirnholz, Verbindungen und Universal Bank- und Blockhobel.

(b) Gerade Schneide mit leicht gerundeten Kanten: für Putzhobel.

(c) Leicht bombierte (konvexe) Schneide: für Putzhobel und Raubänke.

(d) Stark bombierte (konvexe) Schneide: für Schrupphobel.

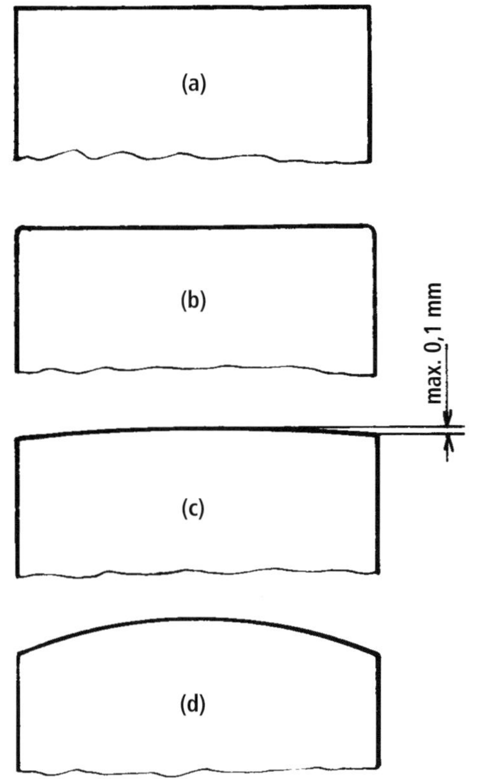

TIPPS

Schärfführung: Wer im freihändigen Schärfen noch nicht so geübt ist, kann für das ballige Schleifen des Hobeleisens auch eine Schärfführung mit schmaler Rolle verwenden, die leichte seitliche Kippbewegungen zulässt. Allerdings wird dabei die Steinoberfläche relativ stark in Mitleidenschaft gezogen.
Schärfblöcke: Speziell für das Bombieren von Hobeleisen hat der bekannte Werkzeugexperte Toshio Odate konkave Diamant-Schärfblöcke, sogenannte „Crowning Plates", entwickelt. Sie werden in den USA von der Firma Powell Mfg. vertrieben.

Schrupphobeleisen

Da man mit dem Schrupphobel in der Regel keine endfertigen Oberflächen erzeugt, werden an die Schneidengeometrie und Schärfe weniger hohe Ansprüche gestellt als beispielsweise beim Putzhobel. Auch die Planheit der Spiegelseite ist weniger kritisch, da der Schrupphobel über keinen Spanbrecher verfügt und man grundsätzlich „mit der Faser" hobelt.

Die Rundung von Schrupphobeleisen wird im Normalfall auf einer wassergekühlten Schleifmaschine hergestellt. Zum Nachschärfen können wir jedoch ebenfalls gerade Blocksteine benutzen. Man beginnt bei normalem Verschleiß mit einem Stein mittlerer Körnung (etwa 1.000).

Setzen Sie das Eisen im vorgegebenen Fasenwinkel auf den Stein auf und machen Sie geradlinige Schärfbewegungen, ähnlich wie beim geraden Hobeleisen. Üben Sie mit den mittleren Fingern der linken Hand vorwiegend bei der Rückwärtsbewegung Druck aus, das Schieben erfolgt nahezu druckfrei, um die Steinoberfläche nicht zu beschädigen.

Um den gesamten Bogen zu schärfen, dreht man allmählich das Eisen um die Hochachse, wobei man den Neigungswinkel beibehält. Versuchen Sie nicht, das Eisen um die Längsachse zu drehen (zu kippen), da sich dabei der Fasenwinkel ändert! Anfängliches Schwärzen der Fasenfläche mit einem Markierstift hilft bei der Beurteilung des Bearbeitungsergebnisses. Sobald ein einheitliches Schliffbild über die gesamte Breite vorliegt, kann man mit Abziehsteinen die Schneide weiter verfeinern und schließlich beiderseits entgraten.

Das Schrupphobeleisen ist deutlich konvex gerundet.

Beim Schärfen des Schrupphobeleisens wird eine Drehbewegung um die Längsachse mit wechselseitigem Drücken kombiniert, man schärft „von der Schneide weg".

Spezialwerkzeug: Das Zahnhobeleisen besitzt eine feine Zahnung und einen sehr stumpfen Winkel.

Zahnhobeleisen

Eisen mit gezahnter Schneide werden meist in Schabhobeln zur Bearbeitung schwieriger Holzstrukturen oder zum Aufrauen einer zu furnierenden Fläche eingesetzt. Das Eisen steht dabei nahezu senkrecht, der Fasenwinkel liegt im Bereich von 60° bis 80°.

Zahnhobel mit schneidender Funktion und entsprechend flacherem Schnitt- und Fasenwinkel werden beispielsweise im Geigenbau für das oft nicht vermeidbare gegenfaserige Aushobeln der Decken und Böden eingesetzt. Dabei haben die Flanken der einzelnen Zähne eine ähnliche Wirkung wie beim „ziehenden Schnitt", womit sich die Ausrissgefahr verringert.

Beim Zahnhobel gilt: Es wird nur die Fase geschärft, die Zähne bleiben unangetastet. Die Fase wird wie beim normalen, geraden Hobeleisen auf dem Blockstein geschärft. Um die empfindlichen Steine durch die Zahnspitzen nicht zu beschädigen, sollte man nach Möglichkeit einen Diamant-Schleifblock benutzen. Arbeiten Sie beim anschließenden Abziehen auf Wassersteinen von der Schneide weg. Der auf der gezahnten Seite aufgeworfene Grat kann durch Eintreiben des Eisens in das Hirnholz eines Hartholzklotzes gebrochen werden.

Der aufwändigste Hobeltyp: Profilhobel waren früher viel wichtiger als heute.

Profilhobel

Welche Bedeutung der Profilhobel einst hatte, mag man an dem hier gezeigten „Universal Plane“ Stanley Nr. 55 ermessen. Dieses mechanische Wunderwerk verfügte über ein Arsenal von nicht weniger als 55 auswechselbaren Hobeleisen, erweiterbar um 41 Zusatzeisen, für alle nur erdenklichen Hobelaufgaben. Im Jahre 1962 war er dennoch der Konkurrenz der Oberfräse nicht mehr gewachsen, so dass seine Produktion eingestellt wurde.

Dass der Profilhobel weitgehend aus dem gängigen Werkzeugsatz des Tischlers verschwunden ist, sagt jedoch nicht nur etwas über den Mechanisierungsgrad des Schreinerhandwerks aus, sondern auch über den Zeitgeschmack. Zierleisten, Brüstungen und Hohlkehlen sind im modernen Möbelbau weitgehend tabu. Dennoch sind die Kehl-, Stab- und Karnieshobel nicht nur nostalgische Erinnerungsstücke an eine vergangene Epoche, sondern vor allem in der Restaurierung auch heute noch unentbehrlich.

Da Profilhobel keine Spanbrecher haben, müssen die Eisen gut scharf sein, um saubere Ergebnisse zu erzielen. Um dem komplizierten Nachschärfen des Profils zu entgehen, empfiehlt es sich, nach Möglichkeit nur die plane Spiegelfläche zu bearbeiten. Diese Methode funktioniert jedoch nur, wenn der Verschleiß gering ist. Ziehen Sie deshalb die Eisen regelmäßig, noch bevor sie ihren Dienst versagen, flach aufliegend auf einem Wasserstein der Körnung 4.000 oder feiner ab. Voraussetzung ist, dass die Fase bereits im Ausgangszustand riefenfrei ist.

Bei stärkerem Verschleiß oder wenn man das Profil absichtlich verändern will, muss auch die profilierte Fase mit einem entsprechend geformten Schärfgerät bearbeitet werden. Bei einfachen konkaven oder konvexen Hohlkehleneisen funktioniert das, wie unter „Schweifhobel" besprochen. Enge Innenradien können mit einer feinkörnigen, konischen Diamantfeile oder einem schlanken Multiform-Wasserstein bearbeitet werden.

Zum Abziehen des Grats an engen Innenradien kann man auch die passend geformte Kante eines harten Lederriemens oder einen entsprechend zugerichteten Hartholzkeil, jeweils mit Polierpaste bestrichen, verwenden. Wer über eine Tormek-Maschine verfügt, kann dazu die Profil-Lederabziehscheibe verwenden.

TIPP

Formsteine selber herstellen: Japanische Wassersteine können aufgrund ihrer relativ weichen Bindung mit Wasserschleifpapier nach Bedarf geformt werden. Man verwendet Körnung F80 für grobe beziehungsweise Körnung F180 für feine Steine (die Körnung des Steins ändert sich durch die Bearbeitung nicht). Legen Sie den Bogen im feuchten Zustand auf eine ebene Unterlage, etwa eine Glasplatte, auf der er adhäsiv haftet. Durch Reiben des gewässerten Steins auf dieser Fläche kann man beispielsweise Multiformsteine mit einem kleineren Radius versehen oder sich aus Schleifsteinresten kleine Formsteine selber herstellen. Ebenso geeignet für diesen Zweck ist ein Diamant-Schleifblock oder ein Bandschleifer.

Multiformsteine können entsprechend der Kontur des Hobeleisens abgerichtet werden. Der Radius sollte etwas kleiner als der des Eisenprofils sein.

Legen Sie das Eisen auf einen Holzblock auf und machen Sie Striche von der Schneide weg – unter Einhaltung des Fasenwinkels.

3.2 Japanische Hobel (*kanna*)

Ähnlich wie bei Stecheisen, unterscheiden sich auch japanische Hobeleisen in der stärkeren Bauweise, dem zweischichtigen Aufbau und dem Hohlschliff auf der Spiegelseite (*ura*) von ihren westlichen Pendants. Die Klingenbasis besteht aus ungehärtetem Eisen, plattiert mit einer dünnen Deckschicht aus hartem Stahl, in der Regel sogenannter Weißer oder Blauer Papierstahl (siehe „Stahlkunde"). Die *ura* ist durch einen schmalen, ebenen Rand begrenzt, an dem die Spanbrecherkante anliegt.

Eine weitere Besonderheit ist die in Längsrichtung konische Form des Eisens, das allein durch seine Keilwirkung im Hobelkörper fixiert wird. Das Vorbereiten und Schärfen ist vergleichbar mit den bereits beschriebenen japanischen Stecheisen. Zuerst prüft man die Planheit der Spiegelfläche mit einem Haarlineal und die Passung zwischen Spanbrecher und Eisen durch die Lichtspaltkontrolle.

Beim japanischen Hobel (*kanna*) wird das konische, auf der Spiegelseite hohl geschliffene Eisen in den seitlichen Nuten des Spanlochs geklemmt. Der Spanbrecher wird durch einen Querstift gegen das Eisen gedrückt.

Abrichten

Traditionell verwendet man zum Abrichten eine Stahlplatte mit SiC-Pulver, wie bei japanischen Stecheisen. Einfacher ist es jedoch mit einem planen Diamant-Schleifblock der Körnung 120-320. Es wird nur der vordere Bereich des Eisens bearbeitet, das man rechtwinklig zur Steinlängsachse aufsetzt.

Wichtig ist ein gleichmäßiger Anpressdruck. Umgreifen Sie das hintere Ende des Eisens mit der rechten Hand, der Daumen drückt es in der Mitte nahe an der Fase gegen den Stein. Die Finger der linken Hand üben zusätzlich Druck aus. In Bewegungen längs zur Schneide wird die Spiegelfläche bearbeitet, bis der Rand nahe der Schneide vollkommen plan ist.

Achten Sie darauf, nur so viel Material wie unbedingt nötig abzutragen, so dass der Hohlschliff erhalten bleibt. Je schmaler die Planfläche an der Schneidkante ist, umso besser. Nach Abschluss dieses Arbeitsgangs hat sich auf der Schneidenrückseite ein Grat gebildet, der mit der Fingerkuppe deutlich spürbar ist und anschließend beim Schärfen entfernt wird.

Abrichten eines japanischen Hobeleisens auf einem Diamantblock.

Schärfen

Wenn Sie die Fasenfläche bearbeiten, werden Sie feststellen, dass sich japanische Hobeleisen durch die breitere Auflagefläche freihändig leichter in der richtigen Neigung führen lassen als die relativ dünnen westlichen Eisen. Zudem hat der Zweilagen-Stahl den Vorteil, dass nur eine dünne Schicht des harten Stahls bearbeitet werden muss und daher das Schärfen der Fase relativ wenig Zeit beansprucht.

Man beginnt mit der Körnung 1.000. Die rechte Hand umgreift das Eisen, Zeigefinger und Daumen drücken es an den beiden Ecken nieder. Mit dem dazwischen liegenden Zeige- und Mittelfinger der linken Hand wird zusätzlich Druck ausgeübt. Das Eisen wird diagonal zur Steinlängsachse gehalten und in geradlinigen Vor- und Rückbewegungen bearbeitet.

Beachten Sie, dass man bei japanischen Eisen durch den zweischichtigen Aufbau dazu neigt, die Fase zunehmend flacher zu schleifen, da der weiche Grundwerkstoff leichter abgetragen wird. Wirken Sie dem entgegen, indem Sie

Das Eisen wird zum Schärfen in der rechten Hand mit festem Umgriff gehalten.

bewusst den Druckpunkt nahe an die Schneide legen. Sobald die Fase durchgehend das gleiche Schliffbild zeigt und ein feiner Grat auf der Rückseite spürbar ist, drehen Sie das Eisen um und ziehen den Grat mit wenigen Strichen längs zur Schneide mit der nun flach aufliegenden Spiegelseite ab.

Fahren Sie in der gleichen Vorgehensweise auf den Steinen feinerer Körnung fort. In der Regel reichen drei Körnungen (1.000 – 4.000 – 8.000), um eine hervorragende Schärfe zu erzeugen. Durch Reduktion der Wasserzugabe oder Reiben mit einem Nagurastein kann man auf den Abziehsteinen eine feine

Üben Sie beidhändig Druck auf die Fase aus, während geradlinige Schärfbewegungen gemacht werden.

Abziehen der Spiegelseite durch Bewegungen längs zur Schneide.

Polierpaste erzeugen und damit die Oberflächengüte weiter verbessern. Machen Sie die letzten Abziehbewegungen nur noch mit sehr wenig Druck und längs zur Schneide, um keinen Grat mehr aufzuwerfen und eine geschlossene Schneidkante zu erzeugen. Spülen Sie nach jeder Körnung das Eisen gründlich, um alle groben Schleifpartikelrückstände zu beseitigen.

Schneidenkontur

Wie bereits erwähnt, muss zum Putzen von Flächen die Schneidenlinie des Hobeleisens leicht konvex sein, um Riefen zu vermeiden. Der Grad der Wöl-

Ein homogenes Schliffbild kennzeichnet ein gutes Schärfergebnis. Die dünne Schicht des harten Schnittstahls hebt sich durch seinen Spiegelglanz von dem grobkörnigen, matten Grundkörper ab.

Der Hohlschliff bleibt beim Schärfen erhalten. Der dünne Randbereich soll im Endergebnis gleichmäßig sein und einen hohen Glanzgrad aufweisen.

Mit dem Handhobel geputzte Innenflächen eines Schranks aus japanischem Kiri-Holz.

Detail eines japanischen Tempel-Dachstuhls (Neubau): Alle Holzflächen – selbst solche, die später nicht mehr sichtbar sind – wurden in größter Sorgfalt mit dem Handhobel geglättet.

bung hängt von der beabsichtigten Spanabnahme ab. Für die Endbearbeitung beim Putzen ist etwa 1/10 mm ausreichend. Man stellt diese Wölbung auch bei japanischen Eisen durch wechselseitige Belastung während des Schärfens her, wie bereits für westliche Hobeleisen beschrieben.

Der japanische Tischler verfügt in der Regel über ein ganzes Arsenal ähnlich aussehender Hobel, die sich jedoch – je nach Verwendungszweck – in der Eisenqualität, dem Anschliff und der Sohlengeometrie unterscheiden. Als Visitenkarte des Meisters gilt die mit dem Handhobel geputzte Endoberfläche. Für diesen Zweck reserviert er seinen besten *kanna*, mit dem nur noch hauchdünne Späne abgezogen werden.

Spanbrecher

Der Spanbrecher ist bei japanischen Hobeln sehr starkwandig, in vielen Fällen sogar aus zweilagigem Stahl gearbeitet. Er liegt vorne mit der Lippe nahe an der Schneide (Abstand 0,2-1,0 mm) und hinten nur an zwei Punkten, den nach unten gebogenen Ecken, auf der Spiegelseite des Hobeleisens auf. Gehalten wird er durch einen Querstift im Hobelkörper, der ihn unter Spannung gegen das Eisen drückt.

Prüfen Sie also zum einen, ob die Lippe gerade und plan ist. Korrekturen werden wie beim westlichen Hobel durchgeführt. Falls der Spanbrecher trotz planer Kante auf der Spiegelfläche wackelt, so kann man das durch leichte Hammerschläge gegen die jeweilige hintere Ecke korrigieren (der Spanbrecher ist im hinteren Bereich nicht gehärtet). Klopfen Sie die freie Ecke nach unten, beziehungsweise die gegenüberliegende nach oben, bis eine saubere Auflage erzielt wird.

Achten Sie beim Einsetzen in den Hobel auch darauf, dass der Spanbrecher über die ganze Breite sauber am Querstift anliegt. Der Spanbrecher wird erst nach der Justierung des Hobeleisens, das allein durch seine Keilwirkung im Körper geklemmt wird, mit leichten Hammerschlägen eingetrieben. Peilen Sie dabei durch das Spanloch gegen das Licht. Durch den Glanz der polierten Spiegelfläche ist die Position der Spanbrecherlippe gut erkennbar. Treiben Sie den Spanbrecher soweit vor, bis nur noch eine dünne Linie von der Spiegelfläche sichtbar bleibt. Ihr Hobel sollte nun zur Erzeugung feinster Späne in der Lage sein.

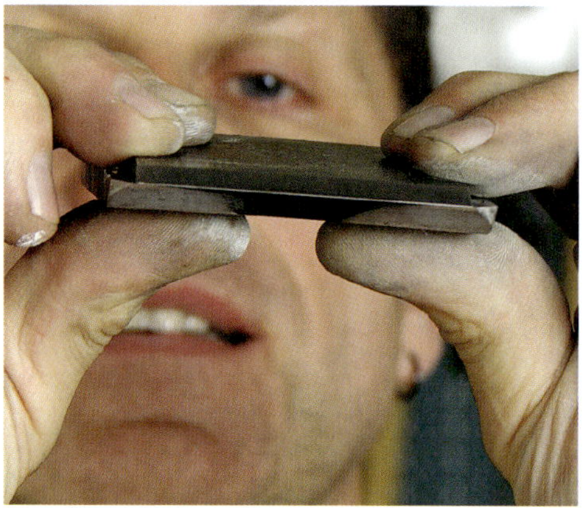

Mit lagerichtig aufgesetztem Spanbrecher kontrolliert man durch Peilen von hinten gegen das Licht die korrekte Passung.

Falls der Spanbrecher auf dem Hobeleisen „kippelt", werden mit leichten Hammerschlägen die Ecken nachjustiert.

Nun sollte der Hobel in der Lage sein, hauchdünne Späne abzuziehen. Der *kanna* wird dabei mit der rechten Hand im vorderen Bereich niedergedrückt und gezogen, die linke führt ihn hinter dem Hobeleisen.

TIPP

Optimierung japanischer Hobel: Nicht nur Hobeleisen und Spanbrecher, auch die Hobelsohle sollte vor dem ersten Einsatz präpariert werden. Dabei wird sie leicht hohl gearbeitet, so dass sie nur an zwei Stellen (Putzhobel) oder drei Stellen (Abrichthobel, Raubank) am Werkstück anliegt. Eine Anleitung finden Sie im Buch von Toshio Odate (Lit.-Verz. Nr. 2).

Wiederherstellen des Hohlschliffs

Häufiges Schärfen und Abziehen führt im Laufe der Zeit zu einem Herausschleifen der Kuhle (*ura*) auf der Spiegelseite des Eisens, so dass eine unerwünschte, durchgängig plane Fläche entsteht. Zur Wiederherstellung der konkaven Vertiefung bei Hobel- und Stecheisen praktizieren japanische Handwerker die „Klopfmethode“. Dabei klopft man mit einem Hammer auf die Fase, wobei die weiche Laminatschicht etwas gestreckt wird, was wiederum eine leichte Wölbung der Spiegelfläche bewirkt. Beim Anschliff auf einem planen Blockstein zeichnet sich anschließend die gewünschte Vertiefung ab.

Gehen Sie wie folgt vor: Man lässt das Eisen mit der Spiegelseite an der Kante eines Hartholzblocks oder Ambosses anliegen. Der Überstand sollte etwa 8-10 mm betragen. Nun klopft man mit der scharfen Kante eines etwa 300 Gramm schweren Hammers etwa entlang der Mittellinie der Fase nur auf die Weicheisenschicht des Laminats. Der Auftreffpunkt des Hammers sollte genau gegenüber dem Widerlager sein.

Unter Beibehaltung der Hammerposition verschiebt man das Eisen in kleinen Schritten seitwärts, um mit etwa 20 bis 40 Schlägen vorwiegend den mittleren Sektor (etwa ¾ der Eisenbreite) der Fase zu bearbeiten. Hüten Sie sich davor, zu nahe an der Schneide und zu heftig zu klopfen, da dies zu einem Riss der harten Schneidstahlschicht führen kann!

Prüfen Sie wiederholt mit dem Haarlineal auf der Spiegelseite den Grad der Durchbiegung und optimieren Sie die Schlagstärke und den Auftreffpunkt. Glätten Sie schließlich die Spiegelfläche auf einem planen Stein, wie bereits beschrieben.

WARNHINWEIS

Für Ungeübte ist die oben beschriebene Maßnahme nicht empfehlenswert, da mit Bruchrisiko verbunden. Versuchen Sie nicht, die konkave Wölbung durch Schleifen wiederherzustellen! Man riskiert dabei, die Laminatschicht, die nur 1 bis 2 mm stark ist, zu durchbrechen. Üben Sie nach Möglichkeit zuerst mit einem verschlissenen Eisen.

Eine Übung für Fortgeschrittene: Wiederherstellen der Wölbung durch gezielte Hammerschläge auf die Fase. Die Kante der Hammerbahn soll gegenüber der Auflage und mittig auf die Fase treffen. Keinesfalls auf die harte Stahlschicht schlagen!

Die Hammermarken bewirken eine Streckung der Weicheisenschicht und damit eine Wölbung der rückseitigen Stahlplattierung.

3.3 Schweifhobel und Zugmesser

Schweifhobel

Der Schweifhobel ist ein vielseitiges, frei geführtes Werkzeug zum Abrunden von geraden und geschweiften Kanten sowie für die Bearbeitung von länglichen, konvex oder konkav geformten Werkstücken. Da Schweifhobel konstruktionsbedingt keinen Spanbrecher haben, ist es besonders wichtig, dass man das Eisen immer gut scharf hält, um Einrisse zu vermeiden. Aus dem gleichen Grund sollte die Maulöffnung gleichmäßig und nicht zu groß sein sowie das Eisen satt auf dem Bett aufliegen – Qualitätsmerkmale, auf die man bereits beim Kauf achten sollte.

Schweifhobelvarianten:

(1) Gerade Sohle

(2) Gerundete (ballige) Sohle

(3) Konvex

(4) Konkav

Bei diesem traditionellen Modell liegt das Hobeleisen mit der Fase nach oben im Korpus. Es kann mit zwei Einstellschrauben feinfühlig justiert werden.

Bei den gängigen Modellen mit Metallkorpus liegt das kompakte Eisen mit der Fase nach unten im Winkel von 40° bis 45° im Bett. Es ist mit dem üblichen Fasenwinkel von 25° bis 30° angeschliffen und wird von einer Klappe gehalten.

Bei manchen traditionellen Schweifhobeln sitzt das Eisen mit der Fase nach oben im Korpus, die Spiegelfläche ist bündig mit der Hobelsohle und liegt am Werkstück an. Der Fasenwinkel entspricht in diesem Fall dem Schnittwinkel. Mit zwei Schrauben, die das Eisen an den beiden Angeln im Korpus fixieren, kann die Spandicke eingestellt werden.

Der Klingenhalter aus Esche besteht aus zwei Backen (etwa 120 x 55 x 13 mm), die mittig durch zwei Schrauben flexibel geführt werden (Bohrungen mit Übermaß im Oberbacken). Eine Aussparung im Maul dient als Anschlag für das Eisen. Die Klemmwirkung wird durch einen rückwärtig eingetriebenen Holzkeil (Keilwinkel etwa 10°) erzeugt.

TIPP

Klingenhalter: Zum Schärfen der kurzen Eisen, die sich mit der Hand nur schwer greifen lassen, ist es vorteilhaft, einen Klingenhalter zu verwenden. Ein einfaches, aber gut funktionierendes Modell, wie im Bild oben gezeigt, kann man sich leicht selber herstellen. Es ist auch für andere kleine Werkzeugklingen, wie etwa Geigenbauhobeleisen, Streichmaßmesser, Wechselklingen für Hobel und Cutter etc. verwendbar. Eine käufliche Aluminiumausführung gibt es vom Hersteller Veritas.

Gerade Schweifhobeleisen werden genauso wie normale Hobeleisen geschärft. Man glättet also zuerst die Rückseite und bearbeitet dann auf Wassersteinen zunehmend feinerer Körnung Fase und Rückseite im Wechsel.

Konvexe Schweifhobeleisen werden ähnlich wie Schrupphobeleisen geschärft. Prüfen Sie zuerst, ob der Radius des Eisens auf die Wölbung der Hobelsohle abgestimmt ist, was leider meist nicht der Fall ist. In Arbeitsposition soll das Eisen über die gesamte Breite eine gleichmäßige Spanabnahme ermöglichen. Zulässig ist auch eine von der Mitte zum Rand hin abnehmende Spandicke. Keinesfalls sollte die Spanabnahme seitlich stärker sein als in der Mitte, da das zur Riefenbildung an den Ecken führt.

Korrigieren Sie gegebenenfalls die Wölbung des Eisens auf einem groben Blockstein oder Diamantstein oder mit einer wassergekühlten Schärfmaschine. Glätten Sie die Spiegelseite und schärfen Sie dann wie gewohnt die Fase auf den Blocksteinen. Machen Sie geradlinige Züge zum Körper hin. Drehen Sie das Eisen schrittweise um den imaginären Mittelpunkt der Rundung, bis auf der Rückseite ein gleichmäßiger Grat aufgeworfen wurde. Ziehen Sie wie gewohnt auf den feinen Steinen ab.

Im Klingenhalter lässt sich das schlanke Eisen besser führen. Man gibt Druck auf die Fase und schärft in geradlinigen Vor- und Rückbewegungen.

Konvexe Eisen werden ziehend geschärft und dabei schrittweise um den imaginären Mittelpunkt der Rundung gedreht.

Konkave Schweifhobeleisen können auf der Fasenfläche nur mit einem zylindrischen oder kegelförmigen Schärfwerkzeug bearbeitet werden. Die im Handel in verschiedenen Körnungen erhältlichen Kegel-Wassersteine unterliegen bei dieser Beanspruchung einem relativ starken Verschleiß. Für grobe und mittlere Bearbeitung besser geeignet ist eine verschleißfeste Diamant-Kegelfeile oder ein Diamant-Schärfkonus.

Eine kostengünstige Alternative kann man sich aus einem Rundstab und Schleifleinen selbst herstellen. Verwenden Sie einen Hartholzstab mit etwas kleinerem Radius als das Eisenprofil, den Sie mit einem hochwertigen, wasserfesten Schleifleinen umwickeln oder noch besser bekleben. Für das Schärfen verwendet man etwa Körnung F400, was der japanischen Steinkörnung 1.000 entspricht, für das Abziehen F1500, entsprechend der Steinkörnung 6.000.

Ein Nachteil dieser Methode ist die Flexibilität des Schleifleinens, die eine Mikroabrundung der Schneide bewirken kann. Arbeiten Sie deshalb vor allem beim Abziehen nur mit wenig Druck. Legen Sie das Eisen mit der Fase nach oben auf eine stabile Unterlage und machen Sie mit dem befeuchteten Schärfstab geradlinige Striche vom Körper weg (unter Einhaltung des Fasenwinkels). Bearbeiten Sie so schrittweise die ganze Schneidenkontur, bis sich auf der Spiegelseite ein durchgehender Grat gebildet hat. Ziehen Sie den Grat mit einem feinkörnigen Wasserstein ab.

Ein mit Schleifleinen ummantelter Hartholzstab ist ein geeignetes Schärfmittel für alle konkaven Klingen. Sein Radius sollte etwas kleiner als die Krümmung der Schneidenlinie sein. Bearbeiten Sie die Fase schrittweise in geradlinigen Schub-Bewegungen.

Zugmesser

Das Zug- oder Ziehmesser gehört zu dem archaischen Typus von Werkzeugen mit frei stehender Klinge, zu dem auch die Äxte zählen. Funktional steht es jedoch dem Hobel nahe, ohne jedoch über dessen Spandickenbegrenzung zu verfügen. Durch seine vielseitigen Einsatzmöglichkeiten war es früher nahezu in allen Holzgewerken anzutreffen, seien es Küfer, Wagner, Stellmacher, Zimmerer oder Bootsbauer.

Zahllose Varianten – mit geraden, geschweiften, konkaven oder konvex gewölbten Klingen – spiegeln diese ehemals weite Verbreitung wieder. Für Grünholztechniken, das Formen von Sprossen, Zaunlatten oder den Bau traditioneller Bögen ist es auch heute noch unersetzlich. Ein Zusatznutzen beim Arbeiten mit dem Zugmesser ist der damit verbundene therapeutische Effekt: Die ziehende Arbeitsweise entlastet die Gelenke und stärkt den Rücken!

Wie bei allen schneidenden Handwerkzeugen lässt sich das Zugmesser nur dann gut kontrollieren, wenn es sehr scharf ist. Häufiges Abziehen ist zeitsparender, als eine völlig stumpfe Schneide wieder neu aufzubauen. Die Klinge ist immer einseitig angefast, mit einer planen oder im Querschnitt leicht balligen Rückseite. In der Regel führt man das Messer mit der Fase nach unten am Werkstück anliegend, so kann man durch den Anstellwinkel die Spandicke am besten kontrollieren.

Aus früheren Zeiten: Das Zugmesser ist mit der Axt verwandt, arbeitet aber wie ein Hobel.

Für eine feine Spanabnahme kann man das Messer auch umdrehen, so dass die Spiegelseite dem Werkstück zugewandt ist. Achten Sie darauf, stets mit der Faser zu arbeiten. Bei schwieriger Holzstruktur ist es vorteilhaft, das Messer schräg, mit „ziehendem Schnitt", zu führen.

Wie beim Hobeleisen glättet man zuerst die Rückseite, um sich dann der Fase zu widmen. Da man den Stein nach Möglichkeit beidhändig über das Eisen führt, sollte das Zugmesser gut fixiert werden. Je nach Ausführung kann man es an der Angel mit einer Zwinge oder in der Hobelbankzange spannen. Für das Abrichten verwendet man am besten einen Diamant-Schärfblock von feiner oder grober Körnung, je nach Korrekturbedarf.

Es genügt, einen Streifen von etwa 5-10 mm entlang der Schneide zu glätten. Machen Sie dazu gleichmäßige Züge quer oder diagonal zur Klinge, bis sich ein homogenes Schliffbild und auf der Fasenseite ein durchgehender Grat ergibt. Vorheriges Schwärzen der Fläche mit einem Markierungsstift ist für die Beurteilung der Arbeitsfläche hilfreich. Fahren Sie wie gewohnt mit Wasser-Blocksteinen mittlerer und feiner Körnung fort, bis die Fläche eine makellose Politur aufweist. Machen Sie die letzten Züge mit wenig Druck und tendenziell in Schneidenlängsrichtung.

Vor allem bei kompliziert geformten Zugmessern ist für die nun folgende Bearbeitung der Fase zu empfehlen, sich einen mit einer V-Nut versehenen Auflageblock herzustellen. Das Zugmesser liegt mit dem Rücken in der Nut und wird dort mit einer Zwinge so fixiert, dass die Fase etwa horizontal liegt.

Das Zugmesser ist mit der linken Angel in der Bankzange gespannt, die rechte Seite liegt auf einem Klotz auf. Schrittweise wird die Spiegelfläche mit einem Diamantblock geglättet.

Viele Zugmesser sind im Lieferzustand in einem zu stumpfen Winkel angeschliffen. Wenn beispielsweise überwiegend Grünholz bearbeitet wird, kann man einen relativ flachen Fasenwinkel von etwa 20° wählen, wodurch sich die Bearbeitungskräfte spürbar reduzieren. Für den universellen Einsatz liegt der Winkel bei 25°. Zur Änderung des Grundanschliffs empfiehlt sich die Verwendung einer wassergekühlten Schärfmaschine oder eines groben Wassersteins.

Die weiteren Schritte sind analog zur Bearbeitung der Spiegelseite. Man glättet mit Blocksteinen zunehmend feinerer Körnung die Fase, wobei die Steine quer zur Schneide in geradlinigen Schärfbewegungen geführt werden. Ziehen Sie schließlich auf der Vorder- und Rückseite den Grat mit einem feinkörnigen Abziehstein in Schneidenlängsrichtung ab.

Bei stark konkaven Eisen, wie sie etwa für Stuhlsitzflächen verwendet werden, kann man für die Fase keine ebenen Blocksteine verwenden. Man benutzt in diesem Fall Kegelsteine oder speziell für diesen Zweck ballig zugerichtete Blocksteine.

TIPP

Schärfbereich: Für das Nachschärfen kann man sich meist auf den mittleren Bereich der Klinge beschränken, da dieser vorwiegend im Einsatz ist.

Zum Schärfen der Fase fixiert man die Klinge am Rücken mit einer Schraubzwinge in einem genuteten Auflageblock.

3.4 Ziehklingen

Als einfaches Stück Blech gehört die Ziehklinge bestimmt zu den unspektakulärsten Holzbearbeitungswerkzeugen. Dennoch kann sie, speziell bei schwierigen Holzstrukturen, Erstaunliches leisten – vorausgesetzt, sie ist richtig geschärft. Abhängig von den Gegebenheiten kann man sie sowohl ziehend als auch schiebend einsetzen. Dabei wird sie vorzugsweise so geführt, dass der an der Kante vorliegende Grat schneidet und nicht schabt. Ähnlich wie beim Hobeln wird dabei ein Span abgetragen, so dass eine glatte Fläche zurückbleibt, die keiner Nacharbeit bedarf. Unsere Aufgabe ist also die Herstellung einer geeigneten Schneidkante.

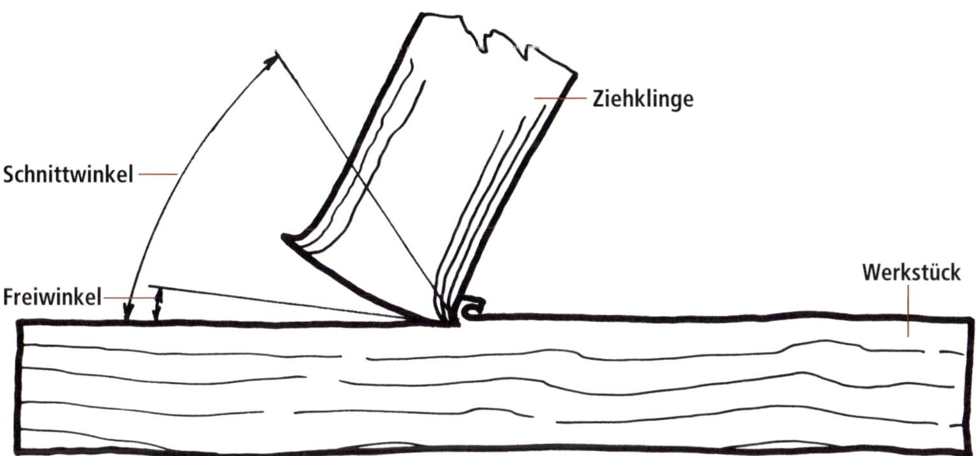

Bei der Ziehklinge übt der Grat eine schneidende Funktion aus. Die Geometrie des Grats und die Stellung der Ziehklinge beeinflussen das Schneidverhalten.

Einfach, aber effektiv: Die Ziehklinge wird als Werkzeug oft unterschätzt.

Bei einer rechteckigen, neuen Ziehklinge muss in der Regel zuerst die Kante gerade abgerichtet werden. Man setzt dazu die Ziehklinge genau senkrecht auf einen Diamantstein mittlerer Körnung auf und bearbeitet die Kante, bis sie eben ist. Um die in Bezug auf die Steinoberfläche lotrechte Führung zu erleichtern, kann man sich einen rechtwinkligen Hilfsklotz anfertigen, an dem man die Ziehklinge anliegen lässt. Auch eine plane (nicht ballige) Einhieb-Flachfeile ist zum Abrichten geeignet.

Anschließend werden die Schneidkante sowie die beiden Seitenflächen nahe der Schneidkante auf feinkörnigen Wassersteinen geglättet, bis riefenfreie, polierte Oberflächen vorliegen. Üben Sie dabei nicht zu viel Druck aus, um eine Beschädigung des Steins zu vermeiden.

Ein planer Diamant-Schärfblock ist ideal zum Abrichten von Ziehklingenkanten. Achten Sie auf eine genau lotrechte Führung.

Die Flanken müssen entlang der Kanten auf Wassersteinen mittlerer und feiner Körnung riefenfrei geglättet werden.

Aufwerfen des Grats

Sie benötigen dazu einen Ziehklingen-Abziehstahl, den es mit rundem, ovalem oder dreieckigem Querschnitt gibt. Je kleiner der Radius ist, umso höher sind die möglichen Umformkräfte. Wichtig ist, dass der Abziehstahl gut gehärtet ist und eine völlig glatte Oberfläche aufweist. Als Notlösung eignet sich auch ein Schraubendreherschaft. Geriffelte Messer-Abziehstähle sind jedoch für diesen Zweck ungeeignet. Bringen sie einen Tropfen Öl oder etwas Wachs zur Schmierung auf.

Das Aufwerfen des Grats erfolgt in zwei Schritten:

- Die Ziehklinge wird bündig an einer Tischkante angelegt und der Abziehstahl mit kräftigem Anpressdruck – zuerst flach anliegend und dann leicht angewinkelt – beiderseits an den Flanken entlang geführt. Die ersten Striche haben eine glättende Funktion, die mit angewinkeltem Abziehstahl werfen den Grat auf. Die Verformung ist umso stärker, je kleiner der Radius des Abziehstahls ist und je höher der aufgebrachte Druck ist.

An der flach aufliegenden Ziehklinge werden im ersten Schritt mit dem Abziehstahl die Seitenflächen poliert. Anschließend wird mit dem leicht angestellten Ziehklingenstahl der Grat aufgeworfen.

Der Ziehklingen-Abziehstahl wird diagonal und leicht gekippt möglichst in einem Zug über die Kante geführt, um den Grat umzu legen.

- Dieser Grat wird anschließend ebenfalls mit dem Abziehstahl umgelegt. Dazu spannt man die Ziehklinge senkrecht, mit der Kante leicht überstehend, in einen Schraubstock oder eine spezielle Spannkluppe (siehe rechts) ein. Der Abziehstahl wird nun etwa 10° bis 20° zur Horizontalen gekippt und mit reduziertem Druck diagonal über die Kante der Ziehklinge geführt, so dass jeweils eine Schneide aufgeworfen wird.

Die Neigung des Abziehstahls beeinflusst die Geometrie des Grats und damit die erforderliche Neigung der Ziehklinge bei der Arbeit. Ein steilerer Kippwinkel des Abziehstahls führt tendenziell zu einer flacheren erforderlichen Neigung der Ziehklinge. Gehen Sie konzentriert vor und achten Sie auf eine sichere Einspannung, um Schnittverletzungen an der scharfen Kante zu vermeiden. Versuchen Sie, den Grat möglichst in nur einem Zug umzulegen, da dies erfahrungsgemäß das beste Ergebnis liefert.

Der beim Aufwerfen und Umlegen erforderliche Anpressdruck hängt von der Härte der Ziehklinge, der Form des Abziehstahls und der gewünschten Größe des Grats ab. Machen Sie mehrere Versuche. Der Grat sollte über die Länge gleich stark und mit der Fingerkuppe deutlich spürbar sein. Die Ziehklinge ist nun bereit zum Einsatz.

Profilierte Ziehklingen werden nach dem gleichen Prinzip geschärft.

Eine gut geschärfte Ziehklinge soll „flockige" Späne erzeugen. Man führt nach Möglichkeit die Klinge schräg zum Faserverlauf.

TIPPS

Japansägeblatt als Ziehklingenstahl: Die optimale Härte von Ziehklingenstählen ist ein Kompromiss zwischen Standzeit der Schneidkante und Verformbarkeit (Aufwerfen des Grats). Ein Härtegrad von etwa 50 HRC hat sich als ideal erwiesen. Sehr gut geeignet und in diesem Härtebereich liegend sind (verschlissene) Blätter von Japansägen. Sie weisen ein feines Gefüge und damit ein hohes Schärfpotenzial auf. Schleifen Sie die Zahnung ab und teilen Sie das Blatt mit einer dünnen Trennschleiferscheibe nach Bedarf auf. Richten Sie anschließend die Kanten auf einem Diamant-Schleifblock ab.

Alle Seiten schärfen: Es ist zeitsparend, bei rechteckigen Ziehklingen alle vier Seiten in einem Prozess zu schärfen. Allerdings steigt durch die scharfen Kanten die Verletzungsgefahr bei der Anwendung. In diesem Fall empfiehlt sich die Verwendung eines Ziehklingenhalters oder von speziellen Schnittschutzhandschuhen.

Stärke der Ziehklinge: Die Stärke der Ziehklinge wählt man nach dem Grad der erforderlichen Durchbiegung, beispielsweise zum Bearbeiten planer Flächen 1 mm, für Wölbungen 0,3 mm.

Kluppe: Die unten abgebildete, selbst gebaute Kluppe eignet sich sowohl zum Klemmen von Ziehklingen als auch von Sägeblättern. Sie wird in der Bankzange gespannt. Der innere, verstellbare Tiefenanschlag verhindert ein Verrutschen der Klinge, wenn Druck aufgebracht wird. Die kräftige, verklebte und verschraubte Ledersohle dient als flexibles Band.

Maße: 190 x 180 x 50 mm (Länge x Höhe x Breite)

Material: Multiplex 13 mm, Leder etwa 5 mm stark

ANREISS-, FURNIER- UND SCHNITZMESSER

Wer Wert auf Präzision legt, wird zum Anreißen von Holzverbindungen nicht Bleistift oder Reißnadel, sondern ein einseitig angefastes Messer benutzen. Wenn die Spitze prismenförmig angeschliffen ist, kann das Messer alternativ links oder rechts anschlagend und sowohl ziehend wie auch schiebend verwendet werden. Die verbleibende feine Einkerbung hat zudem den Vorteil, dass sie das Ansetzen des Stecheisens erleichtert.

Auch Messer für Furnier- und Intarsienarbeiten sind in der Regel einseitig angeschliffen, so dass sie sich ohne Versatz senkrecht an einem Lineal entlang führen lassen. Dagegen weisen Messer, die für freihändiges Schnitzen ausgelegt sind, meist einen beidseitigen Anschliff auf. Im Gegensatz zu den Vorgenannten, bei denen hauptsächlich die Spitze zum Einsatz kommt, müssen Letztere eine durchgängige und höher belastbare Schneide haben.

(1) Schweizer Anreißmesser mit einseitigem Anschliff und zwei Fasen (für Links- und Rechtsanschlag)
(2) Japanisches Furnier- und Anreißmesser (*kogatana*) mit einseitigem Anschliff
(3) Japanisches Furnier- und Schnitzmesser (*kogatana*) mit einseitigem Anschliff
(4) Schwedisches Schnitzmesser mit beidseitigem Anschliff
(5) Japanisches Schnitzmesser

All diese geraden Klingen lassen sich auf Wassersteinen einfach und schnell schärfen. Die Fasenwinkel liegen je nach Belastung und Stahlart zwischen 18° und 28°. Auch hier gilt die Regel: Je härter der Stahl ist, umso kleiner kann der Fasenwinkel gewählt werden. Messer, die einer Biegebelastung ausgesetzt werden, wie beispielsweise Schnitzmesser, sollten tendenziell mit einem etwas stumpferen Winkel oder einer Mikrofase angeschliffen werden, um Scharten vorzubeugen.

4.1 Einseitiger Anschliff

Gerade Messer mit einseitigem Anschliff müssen auf der Rückseite im Arbeitsbereich absolut plan sein, um ihren Zweck zu erfüllen. Prüfen Sie vor dem Schärfen mit einem Haarlineal, ob das der Fall ist. Eventuell vorhandene Verzüge lassen sich meist durch vorsichtiges Biegen oder leichte Hammerschläge ausrichten. Besonders einfach ist das bei laminierten japanischen Klingen (*kogatana*), deren Grundmaterial aus ungehärtetem, biegsamem Eisen und nur die dünne Schneidenschicht aus hartem Stahl besteht.

Unsere erste Aufgabe ist, wie beim Stecheisen, das Abrichten und die Politur der Klingenrückseite. Man benutzt einen absolut planen Wasser- oder Diamantstein der Körnung 220 bis 500 und macht mit der quer liegenden Klinge Züge in Längsrichtung des Steins. Drücken Sie mit den Fingern der linken Hand möglichst entlang der Mittelachse, um der Tendenz vorzubeugen, die Spiegelseite ballig zu schleifen. Bei japanischen *kogatana* besteht dieses Risiko nicht, da sie ähnlich wie die Stecheisen einen Hohlschliff aufweisen und somit nur der Rand der Spiegelfläche am Schleifstein anliegt.

Tragen Sie nur so viel Material ab, wie unbedingt notwendig. Sobald ein einheitliches Schliffbild vorliegt, kann man nun auf Steinen beliebig feiner Körnung die Fläche weiter glätten und polieren. Zum anschließenden Schärfen setzt man die Fase flach, mit der Klinge quer zur Steinlängsachse auf. Üben Sie mit den Fingerspitzen der linken Hand nahe an der Schneide Druck aus und machen Sie gleichmäßige, geradlinige Züge in Steinlängsrichtung. Sobald sich auf der Rückseite ein durchgehender Grat gebildet hat, ziehen Sie diesen mit der flach aufliegenden Klinge ab.

Fahren Sie auf feinkörnigeren Steinen in gewohnter Weise mit der Bearbeitung fort, bis die Schneide die gewünschte Güte hat. Vermeiden Sie Wippbewegungen und vermindern Sie den Anpressdruck mit zunehmender Kornfeinheit. Die Endpolitur auf dem Abziehstein macht man bevorzugt in Schneidenlängsrichtung. Um die Robustheit der Schneide zu verbessern, kann man dabei die Klinge um ein paar Grad steiler anstellen und so eine schmale Mikrofase erzeugen.

Bei diesem einseitig angeschliffenen *kogatana* wird zuerst die Spiegelseite abgerichtet und poliert und anschließend die Fase geschärft. Achten Sie auf die mittige Fingerplatzierung.

Für präzise Markierungen müssen Anreißmesser möglichst scharf sein. Bearbeiten Sie zuerst die Spiegelseite und dann die beiden Fasen, bis eine völlig gratfreie Schneide vorliegt.

TIPP

Gegenanschliff: Bei Anreiß- und Furniermessern ist die Spitze erhöhten Belastungen ausgesetzt und damit bruchgefährdet. Durch einen etwa 2 bis 5 mm langen Gegenanschliff (auch „Drop Point" genannt) kann man die Spitze stärken und das Bruchrisiko mindern. Dazu setzt man die Klinge mit dem Rücken unter einem Winkel von etwa 30° auf einen Diamant- oder Wasserstein (Körnung etwa 220) auf und macht ein paar Züge von der Spitze weg.

Die einseitig angeschliffenen Messer von Streichmaßen (japanische oder westliche) werden in der gleichen Weise wie Anreißmesser geschärft. Zum Halten der kurzen Klingen kann man sich mit einer Gripzange behelfen. Besser geeignet ist eine aus zwei Holzbacken selbst gebaute Kluppe, die auch für andere kleine Klingen Verwendung finden kann (siehe Schweifhobel).

Der Gegenanschliff macht die Spitze dieses *kogatana* weniger bruchempfindlich.

Das Messer des japanischen Streichmaßes *(keshiki)* ist einseitig angeschliffen (Fasenwinkel 20° für Weichholz bis 30° für Hartholz). Man setzt es in der Regel so ein, dass die Fase zum Anschlag hin zeigt.

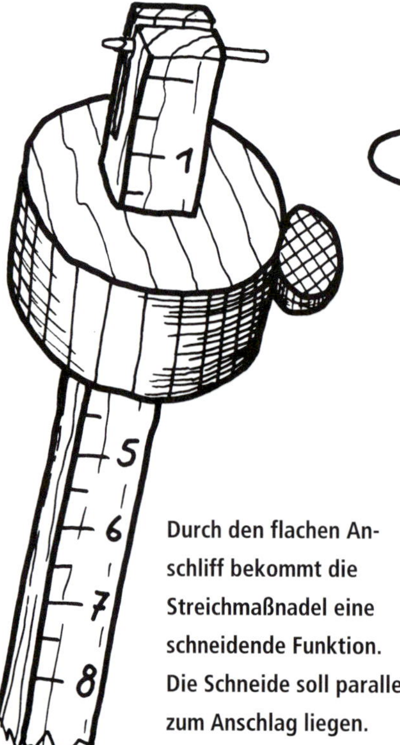

Durch den flachen Anschliff bekommt die Streichmaßnadel eine schneidende Funktion. Die Schneide soll parallel zum Anschlag liegen.

TIPP

Nadel schärfen: Streichmaße mit Anreißnadeln hinterlassen oft unsaubere Markierungslinien. Auch die Nadeln kann man „schärfen", indem man sie an der Spitze einseitig oder beidseitig flach anschleift. Meist muss man das mit einem kleinen Schleifstein im eingebauten Zustand vornehmen, da sich die Spitzen in der Regel nicht entnehmen lassen.

4.2 Beidseitiger Anschliff

Schnitzmesser sind in der Regel beidseitig mit leicht geschweifter Schneidenlinie angeschliffen. Um sie auf einem planen Blockstein zu schärfen, werden beide Fasen schrittweise in geraden Zügen bearbeitet, bis sich jeweils auf der Rückseite ein durchgehender Grat gebildet hat. Dieser wird anschließend auf einem feinen Stein in Bewegungen längs zur Schneide abgezogen. Wenn Sie dabei die Klinge etwas steiler anstellen, können Sie eine Mikrofase und damit eine etwas höhere Schneidkantenstabilität erzeugen.

Geschweifte Schnitzmesserklingen schärft man zuerst schrittweise in geraden Zügen und zieht dann bogenförmig in Längsrichtung der Schneide ab.

ÄXTE UND BEILE

Die Axt und ihr kleiner Bruder, das Beil, waren seit Urzeiten für den Menschen unverzichtbare Hilfsmittel für den Bau von Behausungen, Booten und Gerätschaften. In der Neuzeit wurden diese archaischen Geräte weitgehend durch die Kettensäge und andere Maschinen verdrängt. Dennoch kann die Arbeit mit der Axt – ob wir mit dem Schnitzbeil das Innenleben eines Stammes erkunden oder auch nur mit der Spaltaxt Holz hacken – ein Quell tiefer Befriedigung sein.

Mit keinem anderen Werkzeug kommen wir dem Ursprung unserer Erfahrungswelt näher. Wegen ihres rustikalen Charakters wird dem Schärfen dieser Werkzeuge oft nicht die gebührende Aufmerksamkeit geschenkt. Dabei ist gerade die korrekte Form, aber auch das Schneidvermögen entscheidend für einen sicheren und effizienten Einsatz von Äxten und Beilen.

(1) „Wikinger"-Bartaxt (Replika)

(2) Gotland-Beil (Replika)

(3) Forstaxt (Hersteller: Gränsfors Bruks)

5.1 Schneidengeometrie

Abhängig vom Gewerk und Einsatz gab es in der vormaschinellen Zeit zahllose Axtvarianten, die sich hinsichtlich Schneidenform und Anschliff unterschieden. Heute weisen die meisten Äxte und Beile eine gekrümmte Schneidenlinie mit beidseitigem Anschliff auf. Zum Hacken, Spalten und für mittleren bis schweren Einsatz ist die Fase ballig mit einem Fasenwinkel von etwa 35° bis 40° angeschliffen. Man spricht deshalb auch vom „Ballen". Bei überwiegender Bearbeitung von Weichholz kann man den Winkel auf 25° bis 30° reduzieren, wodurch sich das Eindringverhalten verbessert.

Schnitz- und Tischlerbeile haben bevorzugt eine gerade Schneidenlinie mit beidseitig angeschliffener gerader Fase. Der Fasenwinkel beträgt entsprechend der geringeren Belastung 25°-30°. Wird dieser Axttyp für Holzverbindungen eingesetzt, so ist ein einseitiger Anschliff von Vorteil, ebenso bei Stoß- und Beschlagäxten. In diesen Fällen muss das Blatt asymmetrisch geformt sein. Von einem Hohlschliff der Fase ist bei Äxten generell abzuraten, da er die Schneide schwächt und dadurch ein Gefahrenpotenzial darstellt.

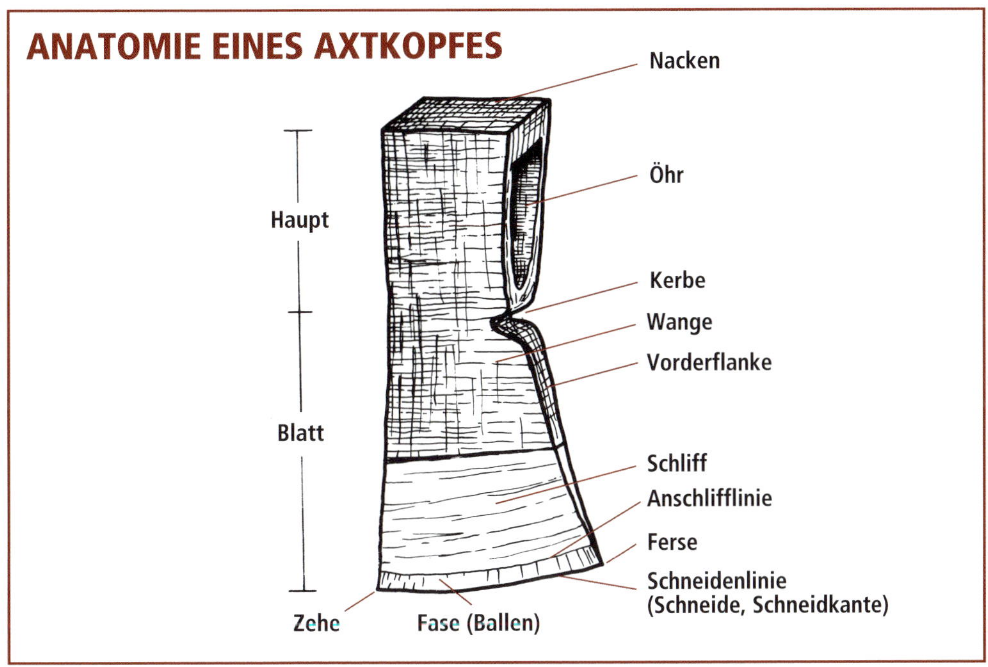

SCHNEIDEN- UND ANSCHLIFF-FORMEN

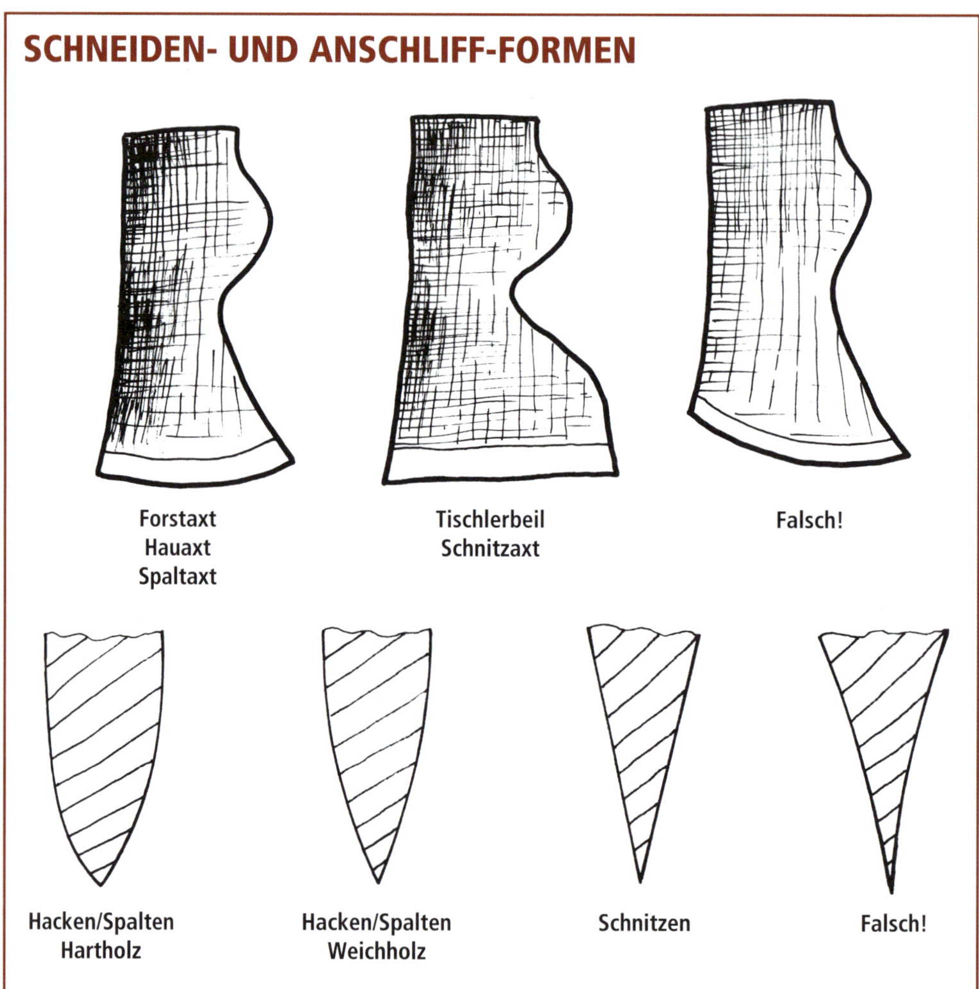

TIPP

Wenig abschleifen: Die Klingen von Äxten und Beilen sind zugunsten guter Dämpfung und hoher Bruchsicherheit nur entlang der Schneide bis zu einer Tiefe von etwa 5-15 mm gehärtet. Sobald man durch wiederholten Materialabtrag in die Zone des ungehärteten Grundkörpers gelangt, wird das Werkzeug unbrauchbar. Dasselbe gilt für traditionelle, laminierte Klingen, bei denen ein Schneidkeil in den Grundkörper eingesetzt wurde. Achten Sie also auf materialschonendes Schärfen und vermeiden Sie den Schleifbock oder Bandschleifer!

5.2 Gekrümmte Schneidenlinie

Beile mit gekrümmter Schneide und balligem Anschliff lassen sich nicht gut auf liegenden Block-Wassersteinen schärfen, da die Führung des schweren Kopfes schwierig ist und der relativ weiche Stein leicht beschädigt wird. In diesem Fall ist es besser, mit dem Schärfwerkzeug über die ruhende Klinge zu gehen.

Gut geeignet für diesen Zweck sind Diamant-Flachschärfer der Körnung 220 bis 1.200, wie sie etwa von DMT oder dem Axthersteller Gränsfors angeboten werden. Sie sind bruchunempfindlich und so kompakt, dass man sie auch beim Outdoor-Einsatz gut mitführen kann.

Man legt die Klinge mit der Seitenwange auf eine solide Unterlage und fixiert sie in geeigneter Position mit der freien Hand. Bei normalem Verschleiß (stumpfe Schneide, aber ohne Scharten) verwendet man zuerst Körnung 320-600. Feuchten Sie den Diamantschärfer mit Wasser an und machen Sie Striche quer zum Verlauf der Schneidenlinie, wobei Sie der Fasengeometrie folgen, also geradlinig bei flacher Fase oder leicht gekrümmt bei balliger Schneide.

Bei korrekter Führung bildet sich auf der Rückseite ein leichter Grat – spürbar mit der von der Schneide weg streichenden Fingerkuppe. Setzten Sie die Bearbeitung schrittweise fort, bis entlang der gesamten Schneidenlinie ein gleichmäßiger Grat aufgeworfen wurde. Wenden Sie nun die Klinge und bearbeiten Sie die Rückseite in gleicher Weise.

Nun werden mit einem feinkörnigeren Diamantschärfer (Körnung 1.200) noch vorhandene Schleifspuren geglättet und der Grat entfernt. Dazu macht man Striche in Längsrichtung der Schneidenlinie. Verringern Sie mit zunehmender Feinheit den Anpressdruck und fahren Sie fort, bis kein Grat mehr spürbar ist.

Um höchsten Anforderungen gerecht zu werden, kann man anschließend die Schneide weiter polieren, etwa mit einem extrafeinen Diamantschärfer. Auch ein kompakter japanischer Wasser-Abziehstein (Multiformstein Körnung 8.000) oder ein hochwertiger Naturstein (Belgischen Brocken) liefern beste Ergebnisse.

Schärfen eines Beils durch schrittweise Bearbeitung mit der Diamant-Flachfeile quer zur Schneide.

Abziehen mit feinkörnigem Diamantschärfer längs zur Schneide.

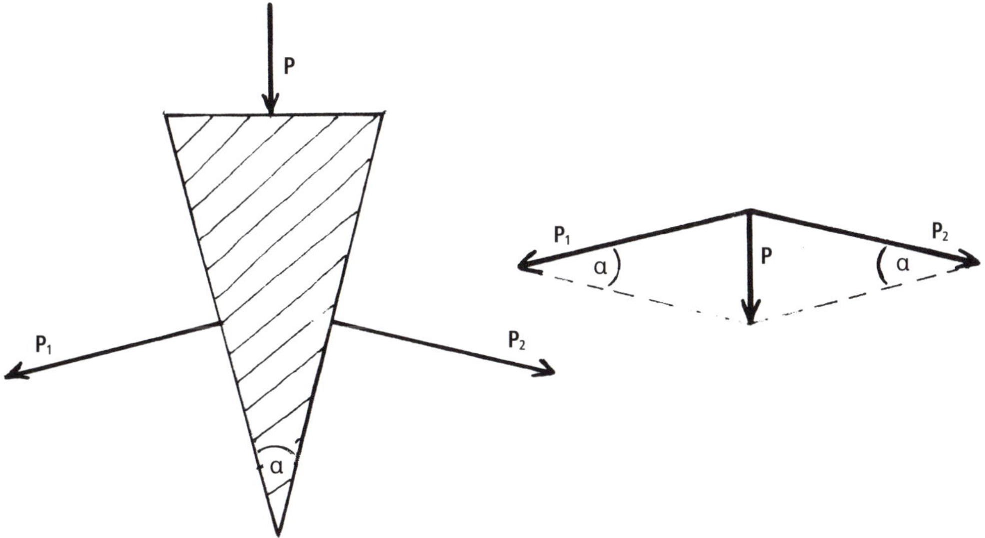

Kräfteparallelogramm beim Beil: Die Schnittkraft P verursacht hohe Kräfte (P_1 und P_2) auf die Seitenwangen. Mit abnehmendem Keilwinkel α nehmen die Seitenkräfte zu.

TIPPS

Schwärzen: In der Lernphase empfiehlt sich das Schwärzen des Ballens mit dem Markierstift, um die bearbeitete Fläche besser zu erkennen und die Führung des Schärfwerkzeugs zu optimieren.

Politur der Seitenwangen: Beim Eindringen in das Holz wirken auf die Axtklinge erhebliche seitliche Druckkräfte, die mit flacher werdendem Keilwinkel zunehmen, wie man aus dem Kräfteparallelogramm (oben) entnehmen kann. Um die dadurch verursachte Reibung in der Schnittfuge zu vermindern, ist eine Politur der Seitenwangen empfehlenswert. Verwenden Sie nach Möglichkeit eine Filz- oder Lederpolierscheibe mit Schleifpaste. Polieren Sie mit diesem weichen Schleifmittel jedoch nicht den unmittelbaren Schneidenbereich, da dies zu einer Abrundung der Schneidkante führen kann.

Schneide schützen: Ein solider, zuverlässig fixierter Leder-Schneidenschutz ist ein Muss, um bei Aufbewahrung und Transport die Schneide vor Beschädigung zu bewahren und Schnittverletzungen vorzubeugen.

Einstielung prüfen: Eine Axt mit nicht fachgerecht verkeiltem oder gar lockerem Kopf gehört zu den gefährlichsten Werkzeugen. Prüfen Sie daher regelmäßig und besonders gründlich bei jedem Schärfen die Einstielung auf festen Sitz und Vorhandensein der Keile (einer diagonal oder zwei kreuzförmig). Für das Schärfen mancher Beschlagbeile ist es erforderlich, die Klinge vorher auszustielen.

5.3 Gerade Schneide

Äxte mit gerader Schneide und planer Fasenfläche werden nach dem gleichen Prinzip wie Stecheisen geschärft. Man führt also die Klinge unter Einhaltung des vorgegebenen Fasenwinkels in geradlinigen Bewegungen über den liegenden Stein. Durch eine Schrägstellung (Schneidenlinie zu Steinlängsachse etwa 45°) wird das Kippmoment vermindert und die Steinbreite besser ausgenutzt. Wenn trotz Schrägstellung die Klinge breiter als der Stein ist, wird sie in mehreren Schritten geschärft. Bei beidseitigem Anschliff werden beide Fasenflächen gleichermaßen auf dem Schärf- und Abziehstein bearbeitet, bis sie gratfrei und fein poliert sind. Bei einseitig angeschliffenen Klingen schärft man nur die Fasenfläche und zieht schließlich beide Seiten ab.

5.4 Reparatur von Schneidenausbrüchen

Ausbrüche an der Schneide sind häufig vorkommende Schäden an Axtklingen. Wenn die Scharten nicht zu tief gehen, also noch im gehärteten Bereich des Klingenkörpers liegen, kann man sie herausschleifen.

Markieren Sie dazu entsprechend der Tiefe der Ausbrüche mit einem wasserfesten Stift eine neue Schneidenlinie. Tragen Sie dann auf einem groben Schleifstein der Körnung 60 bis 220 mit senkrecht stehender Klinge soweit Material ab, bis die Markierung erreicht ist und somit die Scharten bis zum Grund entfernt sind. Da die weichen Wassersteine bei dieser Radikalkur relativ stark leiden, ist die Verwendung eines groben Diamantsteins (Körnung 120) oder einer Nassschleifmaschine zu empfehlen.

Anschließend wird die Fasenfläche im vorgegebenen Fasenwinkel auf dem groben Stein bearbeitet, bis die Schneide wiederhergestellt ist. Auch hier kann eine plan schleifende, wassergekühlte Maschine Zeit sparen. Die neue Anschlifflinie muss parallel zur Schneidenlinie verlaufen. Fahren Sie nun wie beim normalen Schärfen auf den Steinen mittlerer und feiner Körnung fort. Prüfen und entfernen Sie bei allen Bearbeitungsstufen immer wieder den Grat, der sich auf der Gegenseite bildet.

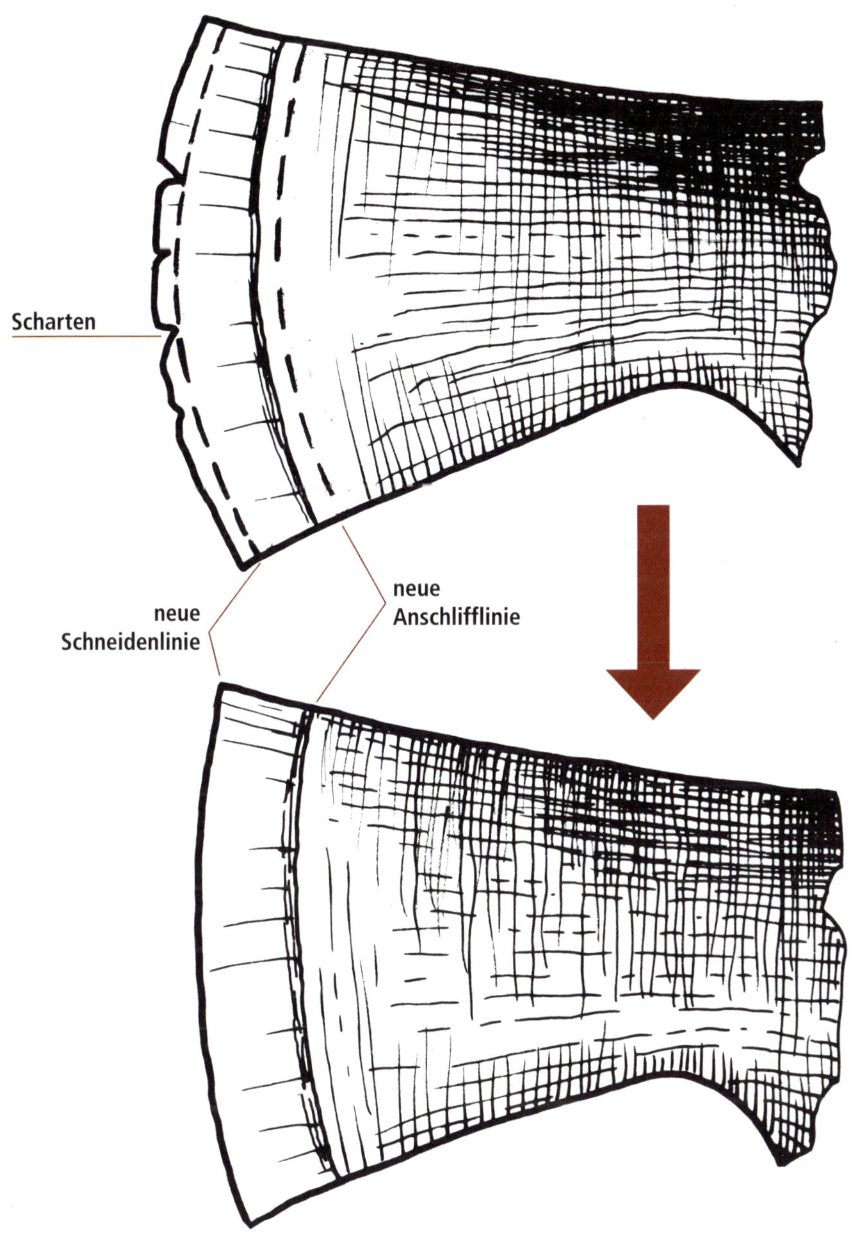

Reparatur von Schneidenausbrüchen: Markieren Sie die neue Schneidenlinie und achten Sie darauf, dass die neue Anschlifflinie parallel dazu verläuft.

BILDHAUEREISEN

Wo könnte man die Handschrift eines kreativen Menschen unmittelbarer ablesen, als in einer Holzoberfläche, die mit dem frei geführten Schnitzeisen geformt wurde? Damit das Bildhauerwerkzeug dem schöpferischen Willen keinen Widerstand entgegensetzt, muss es nicht nur gut in der Hand liegen, sondern auch scharf sein. Wie man ihm diese Schärfe verleiht, dazu existieren nahezu so viele Meinungen, wie es Schnitzer und Holzbildhauer gibt.

Unter dem Aspekt der Schnelligkeit erfreuen sich Poliermaschinen mit Filz- oder Stoffscheiben großer Beliebtheit. Doch die Geschwindigkeit hat ihren Preis: Eine exakte Schneidengeometrie lässt sich damit in der Regel nicht erzeugen. Außerdem kommt es meist zu unerwünschten Abrundungen der Fasen und Spiegelflächen der Werkzeuge. Ein weiteres Risiko des nicht wassergekühlten, maschinellen Schärfens ist das Ausglühen des Stahls. Bereits bei relativ moderaten Temperaturen ab etwa 150° C – lange vor dem gefürchteten Anlaufen der Schneide – kommt es zur Kohlenstoffdiffusion und damit zu Einbußen der Standzeit. Mit der traditionellen Methode des Schärfens auf Wassersteinen bewegen wir uns auch in dieser Hinsicht auf der sicheren Seite.

Bildhauereisen gibt es in großer Vielfalt als Flach-, Hohl- und V-Eisen.

Obwohl es von Schnitzwerkzeugen zahllose Varianten gibt – flach, hohl, V-förmig, gerade, längs gewölbt, gekröpft, umgekehrt gekröpft, mit Innen- oder Außenanschiff – entspricht der Ablauf beim Schärfen im Wesentlichen dem anderer Holzbearbeitungswerkzeuge. Bei neuen Eisen korrigiert man bei Bedarf den Grundschliff, also den Fasenwinkel und die Schneidenform. Auch die Spiegelfläche bedarf einer anfänglichen Überarbeitung, falls sie uneben und nicht riefenfrei ist.

Mit dieser Ausgangsbasis können wir uns beim Schärfen im Wesentlichen auf die Fase konzentrieren. Bei regulärem Außenanschliff benutzen wir je nach Verschleiß Blocksteine mittlerer bis feiner Körnung sowie für das Abziehen auf der Innenfläche feinkörnige Multiformsteine der Körnung 4.000 bis 8.000.

6.1 Allgemeine Hinweise

Rechtwinklige Schneidenlinie

Achten Sie auf eine präzise und leicht reproduzierbare Schneidengeometrie. Für die allgemeine Anwendung soll bei Hohleisen die Schneide in der Draufsicht rechtwinklig und geradlinig zur Längsachse der Klinge verlaufen. Eine

fingerförmig (falsch)

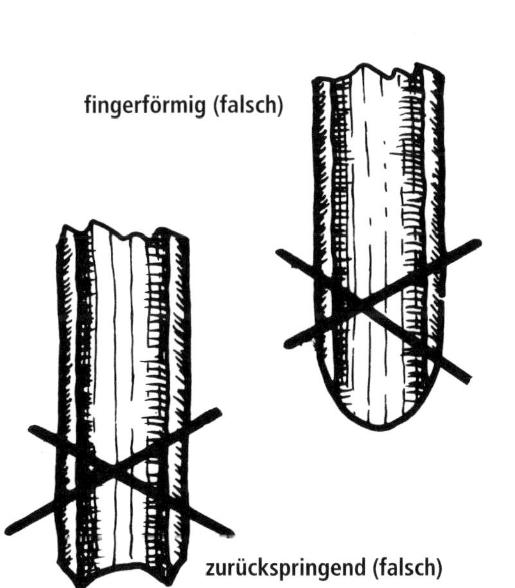

zurückspringend (falsch)

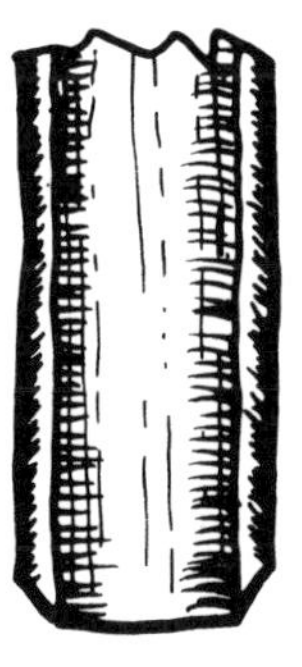

gerade (richtig)

Die Schneidenlinie sollte bei Hohleisen rechtwinklig zur Werkzeugachse verlaufen. Fingerförmige oder zurückspringende Schneiden sind unvorteilhaft.

vorspringende, fingerförmige Schneide wie man sie mitunter bei neuen Schnitzeisen antrifft, führt vor allem quer zur Faser zu einem unsauberen Schnitt. Eine Schneide mit zurückfallenden Flanken macht das Eisen für viele Anwendungen, etwa für das Ausstechen von Ornamenten, unbrauchbar.

Scharfe Ecken

Eine Abrundung der Ecken führt zu einer Einschränkung der nutzbaren Breite beziehungsweise zu unsauberem Schnitt am Rand. Achten Sie also darauf, dass beim Schärfen und Abziehen die Ecken scharfkantig bleiben.

Angefaste Kanten

Bei starkwandigen Eisen ist es oft schwierig, in spitzwinklige Ecken und Hinterschneidungen zu gelangen. In diesem Fall hilft es, die Längskanten mit einer kurzen Fase etwas zu hinterschleifen. Einige Züge auf einem feinkörnigen Stein sollten genügen.

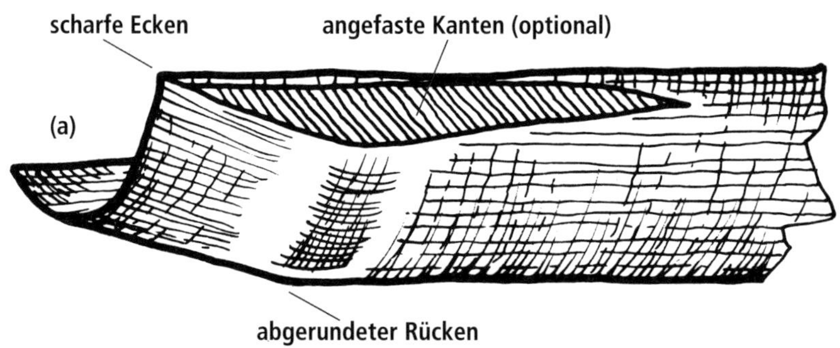

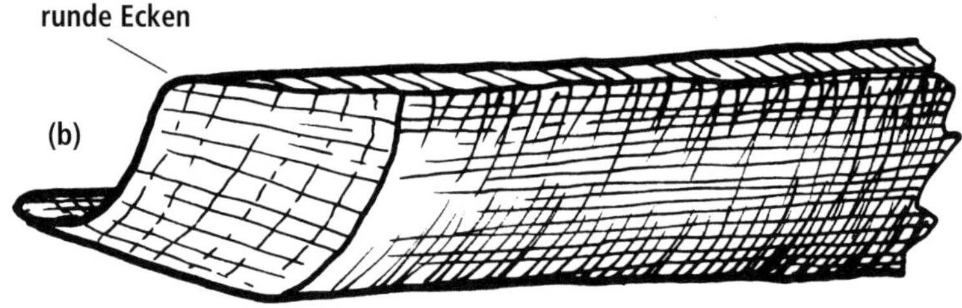

(a) Richtig: Scharfe Ecken, seitlich leicht angefaste Kanten, abgerundeter Rücken.

(b) Falsch: Eine Verrundung der Ecken ist nachteilig für das Schneidverhalten.

Fase

Hohlbeitel und Geißfüße werden in der Regel einfasig von außen angeschliffen. Eine Zweit- oder Mikrofase ist dagegen unvorteilhaft, da abgestufte Fasenflächen von Hand nicht exakt abgezogen werden können. Der Fasenwinkel beträgt, in Abhängigkeit vom Holz, dem Stahl und der Belastung 17° bis 27°. Bei Linde und überwiegend von Hand geführten Eisen bewegt man sich im unteren, bei Hartholz wie Ahorn oder Eiche und starker Beanspruchung im oberen Bereich.

Reine Kohlenstoffstähle, wie sie bei alten Werkzeugen zum Einsatz kamen, vertragen meist etwas kleinere Winkel als höher legierte moderne Stähle. Hier besteht bei zu kleinem Winkel das Risiko, dass sich die Schneide umlegt, während bei Kohlenstoffstählen tendenziell eher ein Ausbruch auftritt. Wählen Sie zugunsten einer geringen Schnittkraft und guter Handhabung immer den kleinstmöglichen Fasenwinkel. Es lohnt sich, Versuche zu machen.

Abrundung am Fasenrücken

Der Außenradius eines Hohleisens ist größer als der schneidende Innenradius, wodurch sich der Schnittwiderstand erhöht. Um diesen Effekt zu vermindern, kann man die Fase am Übergang zum Rücken etwas abrunden und damit den effektiven Radiusunterschied verkleinern. Diese Maßnahme verbessert auch die Führbarkeit des Eisens in Wölbungen und vermeidet Druckstellen bei Hebelbewegungen.

Runden Sie die scharfe Kante am Übergang zum Rücken etwas ab. Dadurch verbessert sich die Führbarkeit des Eisens.

Beidseitiger Anschliff

Neben dem einseitigen Außenanschliff wird von manchen Autoren auch auf der Innenseite das Anschleifen einer Fase oder Mikrofase empfohlen (siehe Literaturverzeichnis, Quellen 3 und 4). Begründet wird der beidseitige Anschliff damit, dass sich dadurch die Differenz zwischen Außen- und Innenradius verringert und so weniger Schnittwiderstand anliegt. Zudem muss man das Eisen weniger steil anstellen. Die Schnittrichtung entspricht weitgehend der Richtung der Druckkraft, mit der Folge, dass sich das Werkzeug besser führen lässt.

Gegen den Innenanschliff spricht allerdings, dass er das Schärfen und Abziehen wesentlich komplizierter und kaum mehr reproduzierbar macht. Selbst unter Verwendung speziell geformter Steine ist es in freihändiger Technik sehr schwierig, eine exakte Schneidengeometrie herzustellen. Ähnliches gilt für eine innenliegende Mikrofase, die zur Stärkung der Schneide und besseren Kontrolle vereinzelt empfohlen wird. Auch hier ist die Reproduzierbarkeit beim Schärfen und Abziehen das Problem. Nur die leicht zu schärfenden Flach- und Balleisen sind meist beidseitig angeschliffen. Aus diesen Gründen empfehlen wir generell den einseitigen Anschliff ohne Gegen- oder Mikrofase.

Abziehen mit Leder

Bei Schnitzwerkzeugen wird häufig empfohlen, nur mit Leder abzuziehen. Dabei ist jedoch zu bedenken, dass Leder ohne Schleifpaste keinen abtragenden Effekt hat. Ein vorhandener Grat wird lediglich aufgerichtet, die Freude ist also nur von kurzer Dauer. Leder mit Schleifpaste hat eine abtragende Wirkung, kann im Mikrobereich jedoch zu einer Schneidkantenabrundung führen, je nach Druck und Härte des Leders (siehe Kapitel „Schärfmittel"). Man sollte daher grundsätzlich dem Abziehen mit Steinen den Vorzug geben, da es zu standfesteren Schneiden führt. Wenn man Leder dennoch einsetzt, dann mit wenig Druck und bevorzugt zum Polieren der Flächen hinter der Schneide.

6.2 Flacheisen

Flacheisen werden im Prinzip genauso geschärft wie Stecheisen, mit dem einzigen Unterschied, dass sie in der Regel beidseitig angefast sind. Achten Sie auf die Planheit der zu verwendenden Steine. Bei häufigem Nachschärfen genügen meist wenige Züge auf einem feinen Abziehstein (Körnung 4.000-8.000), ansonsten beginnt man mit einem Stein der Körnung 1.000.

Setzen Sie das Eisen im Fasenwinkel diagonal zu Längsrichtung des Steins auf. Die rechte Hand führt es am Griff, die mittleren Finger (einer oder zwei, je nach Eisenbreite) drücken die Fase nahe an der Schneide gegen den Stein. Machen Sie nur aus den Armen heraus gleichmäßige Längsbewegungen, ohne zu wippen. Das Markieren der Fläche mit einem Filzstift hilft bei der Beurteilung des Ergebnisses.

Sobald ein durchgehender Grat spürbar ist, bearbeiten Sie die Gegenseite. Reduzieren Sie mit zunehmender Feinheit den Druck. Zum Polieren der Fasen-

Flache Bildhauereisen sind einem Stechbeitel sehr ähnlich.

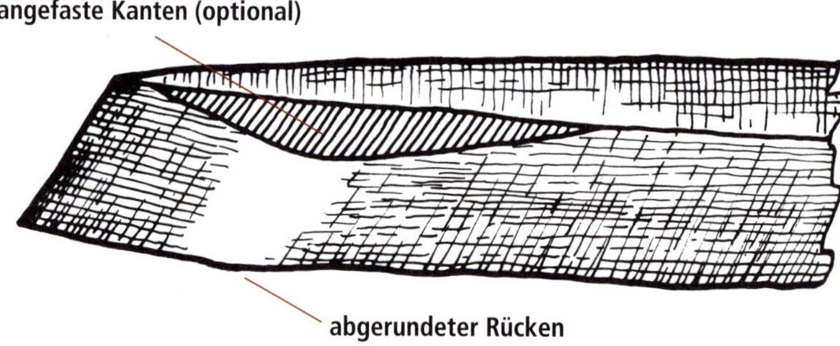

Optional kann man auch bei Flacheisen die Kante am Übergang zum Rücken abrunden (Vermeidung von Druckstellen) sowie die Seitenkanten etwas anfasen (bessere Zugänglichkeit bei Hinterschneidungen und Ecken).

flächen machen Sie einige Züge von der Schneide weg auf einem flach liegenden Abziehleder, das mit einer feinkörnigen Polierpaste bestrichen wurde. Das Leder sollte auf einem starren Holzträger aufgeklebt sein, so dass es sich nicht verformt. Am Schluss kann man den Übergang zwischen Fase und Rücken etwas verrunden und die Längskanten zur besseren Handhabung in Ecken leicht anfasen.

6.3 Hohleisen

Hochwertige Bildhauereisen werden heute meist gebrauchsfertig mit polierter Fase und Innenfläche geliefert. Ein Grundschliff ist nur dann erforderlich, wenn man den Fasenwinkel ändern will (der bei neuen Eisen aus Gründen der Bruchsicherheit oft zu stumpf angelegt ist) oder wenn die Schneide Scharten aufweist. Man verwendet dazu einen Wasserstein, Körnung ungefähr 220, oder einen groben Diamantblock und geht genauso vor wie beim Schärfen.

Maschineller Grundschliff

Für starken Materialabtrag ist die Verwendung einer wassergekühlten Schärfmaschine zu empfehlen, wie das Tormek-Schärfsystem mit spezieller Führung für Hohleisen. Die einfacher gestaltete Shinko-Maschine hat den Vorteil, dass durch ihre Planscheibe eine gerade Fase erzeugt wird, die bruchfester als ein Hohlschliff ist.

Hohleisen sind etwas schwieriger zu schärfen als Flacheisen.

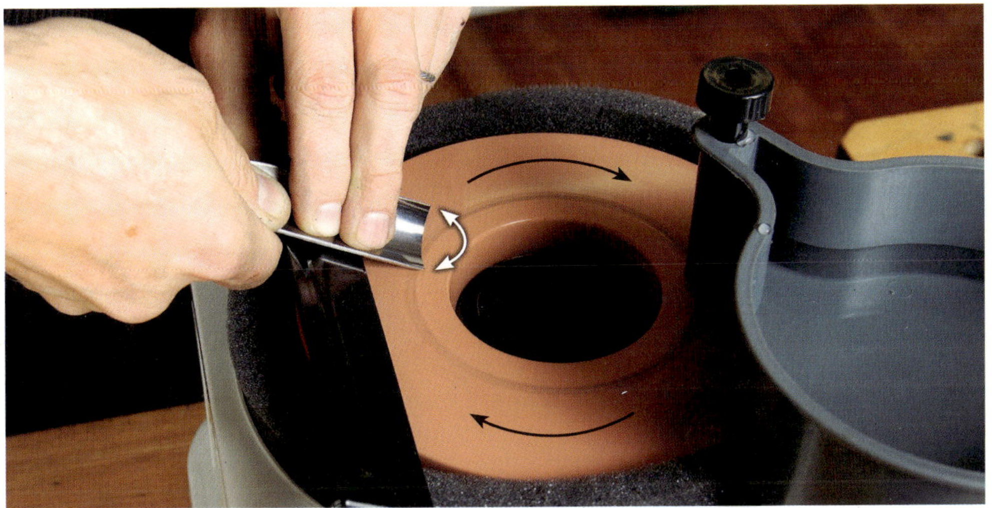

Grundschliff eines Hohleisens auf der Shinko-Maschine in rollender Bewegung, von der Schneide weg.

Man schleift freihändig in einer rollenden Bewegung von der Schneide weg. Es kommen japanische Wassersteine, serienmäßig mit Körnung 1.000, optional mit Körnung 280 oder 6.000 zum Einsatz. Arbeiten Sie beim maschinellen Schärfen mit wenig Anpressdruck und häufigen Zwischenkontrollen, da das Eisen schnell verschliffen ist. Achten Sie vor allem darauf, eine gerade und zur Eisenlängsachse rechtwinklig verlaufende Schneide zu erzeugen. Besonderes Augenmerk ist auf die Ecken zu legen: Sie müssen scharfkantig bleiben und dürfen keinesfalls abgerundet werden.

Manuelles Schärfen

Beim manuellen Schärfen setzen Sie das Eisen quer zur Steinlängsrichtung im Fasenwinkel auf. Bei normalem Verschleiß beginnt man etwa mit Körnung 1.000. Es ist jedoch sinnvoll, nicht zu warten, bis das Eisen deutlich abgestumpft ist, sondern relativ häufig nur abzuziehen. Dann kann man die Körnung 1.000 überspringen, und man benötigt nur wenige Züge auf einem Abziehstein der Körnung 6.000 oder 8.000.

Der Ablauf ist jeweils derselbe: Die rechte Hand führt das Eisen am Heft, ein oder zwei Finger der Linken üben nahe an der Schneide Druck auf die Fase aus. Machen Sie nun unter Beibehaltung des Anstellwinkels Längsbewegungen auf dem Stein, kombiniert mit einer Rotation um die Werkzeuglängsachse. Die Fase wird dabei jeweils gegen die Vorschubbewegung gedreht. Achten Sie darauf, die Ecken nicht rund zu schleifen.

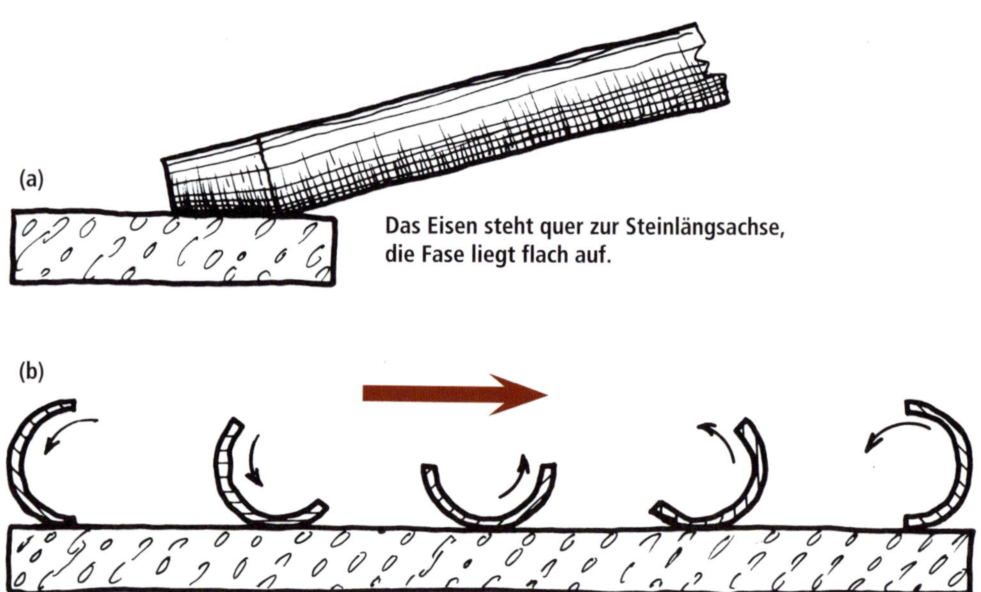

Manuelles Schärfen eines Hohleisens auf dem Blockstein: Das Eisen wird mit der Fase in einer Rollbewegung entgegen der Schubrichtung über den Stein geführt.

Diese Technik erfordert etwas Übung, vermeidet jedoch das Risiko des Verschleifens und führt zu standfesten Schneiden. Zur besseren Kontrolle kann man während des Lernprozesses die Fase mit einem Markierstift schwärzen.

Fahren Sie mit der Bearbeitung fort, bis sich auf der Innenseite über die gesamte Breite ein mit der Fingerkuppe spürbarer Grat gebildet hat. Ziehen Sie diesen mit einem passend geformten Multiform- oder Kegelstein ab. Der Radius des Steins sollte etwas kleiner als der Stich (= Wölbung) des Eisens sein. Man lässt den Stein an der Innenfläche anliegen (nicht anstellen, da das eine unerwünschte Innenfase erzeugen würde) und macht Striche von der Schneide weg, bis der Grat restlos entfernt ist. Runden Sie abschließend die Kante am hinteren Ende der Außenfase mit einem feinen Stein etwas ab.

Beim Abziehen liegt der Multiformstein an der Innenfläche an.

Nach der Bearbeitung mit dem feinen Abziehstein kann man die Fase und Innenfläche noch mit einem mit Polierpaste bestrichenen Leder glätten und dabei einen eventuell vorhandenen Mikrograt aufrichten. Diese Maßnahme ist hinsichtlich der Standzeit nicht erforderlich, trägt jedoch zu einem geringeren Schnittwiderstand bei. Streichen Sie dabei mit der Fase über den flach liegenden oder auf einer Holzunterlage aufgeklebten Lederriemen, wobei sie das Eisen leicht drehen. Üben Sie nur beim Zurückziehen (von der Schneide weg) Druck aus, um das Leder nicht zu beschädigen.

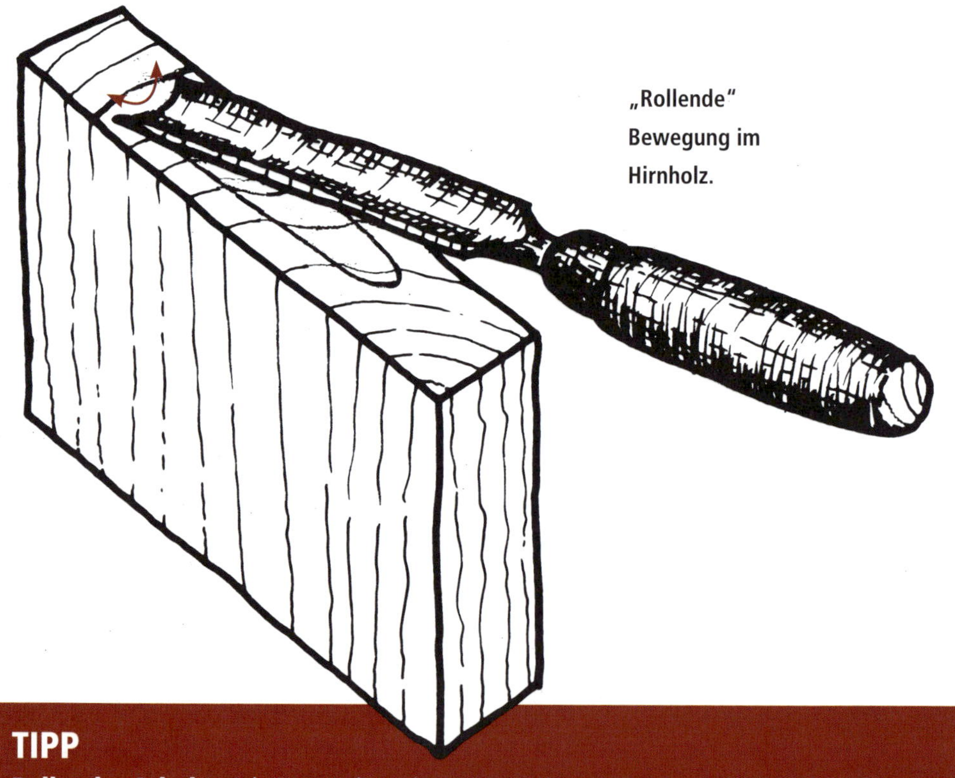

„Rollende" Bewegung im Hirnholz.

TIPP

Rollender Schnitt: Arbeiten Sie bei schwierigen Holzstrukturen, etwa im Hirnholz, mit „rollendem" Schnitt, bei dem das Eisen während der Vorwärtsbewegung um seine Längsachse gedreht wird. Diese Technik bewirkt eine Verkleinerung des effektiven Fasenwinkels und damit der Schnittkräfte.

Die Innenfläche bearbeitet man mit einem passend geformten Hartlederstück oder einem lederbezogenen Holzkeil (siehe „Tipps von der Expertin", S. 114-115). Für die Tormek-Maschine gibt es optional eine plane sowie auch eine profilierte Lederscheibe, die das Polieren der Innen- und Außenflächen von Hohleisen oder Geißfüßen besonders einfach macht.

Schärfetest: Um den Erfolg Ihrer Schärfbemühungen zu überprüfen, machen Sie mit dem Hohleisen in Fichtenholz rinnenförmige, parallele Schnitte quer zur Faserrichtung. Wenn die Schnittoberflächen glatt und die Stege zwischen den einzelnen Rillen sauber und ohne Ausrisse stehen, dann ist Ihr Werkzeug scharf.

Wenn auch quer zur Faser saubere Späne abrollen, hat das Eisen den Schärfetest bestanden.

TIPPS VON DER EXPERTIN

Die an der Holzfachschule Berchtesgaden ausgebildete und in München seit vielen Jahren selbstständige Bildhauerin Annelie Kremer gibt ihr Wissen bereitwillig in Schnitz- und Gestaltungskursen weiter. Scharfe Werkzeuge sind die Grundlage ihres kreativen Schaffens. Hier gibt sie uns ein paar Tipps mit auf den Weg:

- *Schnitzwerkzeuge können auf diverse Arten geschärft und abgezogen werden. Probieren Sie, je nach technischer Ausstattung, verschiedene Methoden aus, um festzustellen, was Ihnen liegt und ein gutes Ergebnis liefert.*

- *Beim Abziehen der Spiegelfläche von Hand halten Sie das Werkzeug möglichst ruhig mit der linken Hand in Körpernähe. Drehen Sie es nur leicht um die Längsachse, während die Rechte den Multiformstein an der Innenfläche entlang führt.*

- *Wenn nach dem Abziehen noch Stahlpartikel an der Schneide haften, kann man diese durch Abstreifen auf einem Holzbrett (innen und außen) entfernen.*

- *Achten Sie auf eine trockene Lagerung des Werkzeugs und ölen Sie es gelegentlich leicht ein. Rost auf der Spiegelfläche ist nahezu ein Todesurteil für die Schärfe jedes Schnitzwerkzeugs!*

- *Wenn die Schneide immer an der gleichen Stelle versagt, liegt sehr wahrscheinlich ein Härtungs- oder Materialfehler vor, der das Werkzeug unbrauchbar macht.*

- *Ich benutze zum Schärfen meist die Tormek-Maschine. Der Winkel, in dem ich mein Werkzeug an die Scheibe halte, muss während des Schliffs und nach dem Kontrollieren reproduzierbar sein, das heißt Auflageflächen und Werkzeugüberstand dürfen nicht verändert werden. Behalten Sie daher die Griffposition an der Klinge bei, auch wenn Sie das Werkzeug zum Kontrollieren abheben und drehen. Notwendige Korrekturen werden durch minimales „Wandern" der Griffhand nach oben beziehungsweise unten entlang der Klinge erzeugt. Meist genügen wenige Zehntelmillimeter.*

- *Schaffen Sie sich gute, blendfreie Lichtverhältnisse und halten Sie eine Lupe zum Kontrollieren der Schneide bereit.*

- *Bauen Sie sich einen mit Leder bezogenen Abziehblock. Man kann in einen Holzblock unterschiedliche Profile und Nuten einbringen, so dass er für eine Vielzahl von Hohleisen und Geißfüßen geeignet ist. Ein dünnes, strapazierfähiges Leder wird mit Epoxy oder Holzleim unter Spannung aufgeklebt. Die seitlichen Planflächen lassen sich auch für Flacheisen benutzen. Für die Politur kann man zusätzlich eine Polierpaste auftragen. Benutzen Sie immer nur eine Körnung pro Block, da die Schleifpartikel im Leder haften bleiben.*

- *Bewahren Sie die Blöcke, ebenso wie sie Schärfsteine, in einem Behältnis auf, das sie vor Schleifstaub und Verunreinigungen schützt.*

Der Abziehblock kann je nach Bedarf profiliert werden.

6.4 Geißfuß (V-Eisen)

Das Schärfen von Schnitzeisen mit V-förmiger Schneide, der sogenannten Geißfüße, stellt selbst für Fortgeschrittene eine nicht unerhebliche Herausforderung dar. Während die beiden Flanken mit einfachen Zügen auf einem Blockstein – ähnlich wie bei einem Flacheisen – bearbeitet werden, liegt das Problem in der Wahrung der Schneidensymmetrie. Die beiden Schneidkanten sollen auf einer Ebene liegen und gerade verlaufen.

Voraussetzung für das Gelingen ist ein perfekt planer Blockstein. Setzen Sie jeweils eine Fase leicht diagonal zur Schärfsteinlängsachse auf. Üben Sie mit dem Zeigefinger der linken Hand nahe an der Schneide Druck aus, während die Rechte den Neigungswinkel hält. Machen Sie geradlinige Züge mit häufiger Kontrolle.

Der V-förmige Geißfuß stellt beim Nachschärfen die höchsten Anforderungen.

Die beiden Fasen des Geißfußes werden auf einem perfekt planen Blockstein geschärft.

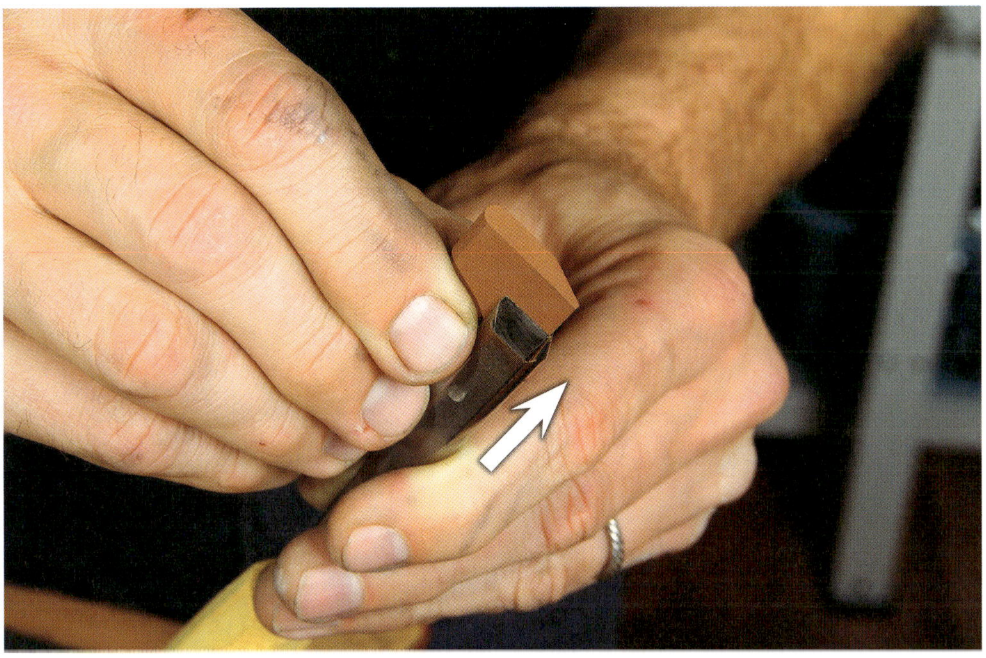

Mit einem spitzwinkligen Abziehstein werden die Innenflächen von der Schneide weg abgezogen.

Bearbeiten Sie die Gegenflanke in gleicher Weise, bis sich innen ein spürbarer Grat gebildet hat. Ziehen Sie den Grat mit einem spitzwinkligen Multiformstein von der Schneide weg ab. Achten Sie darauf, die Innenkante (Rinne) nicht abzurunden. Sie soll möglichst scharfkantig sein. Zusätzlich kann man schließlich mit einem flachen Leder die Fasen und mit einem spitzwinkligen Leder die Innenflächen nachpolieren.

Leider sind die Innenflächen von Geißfüßen oft nicht plan, wodurch beim Anschliff wellige Schneiden entstehen können. Auch Differenzen in den

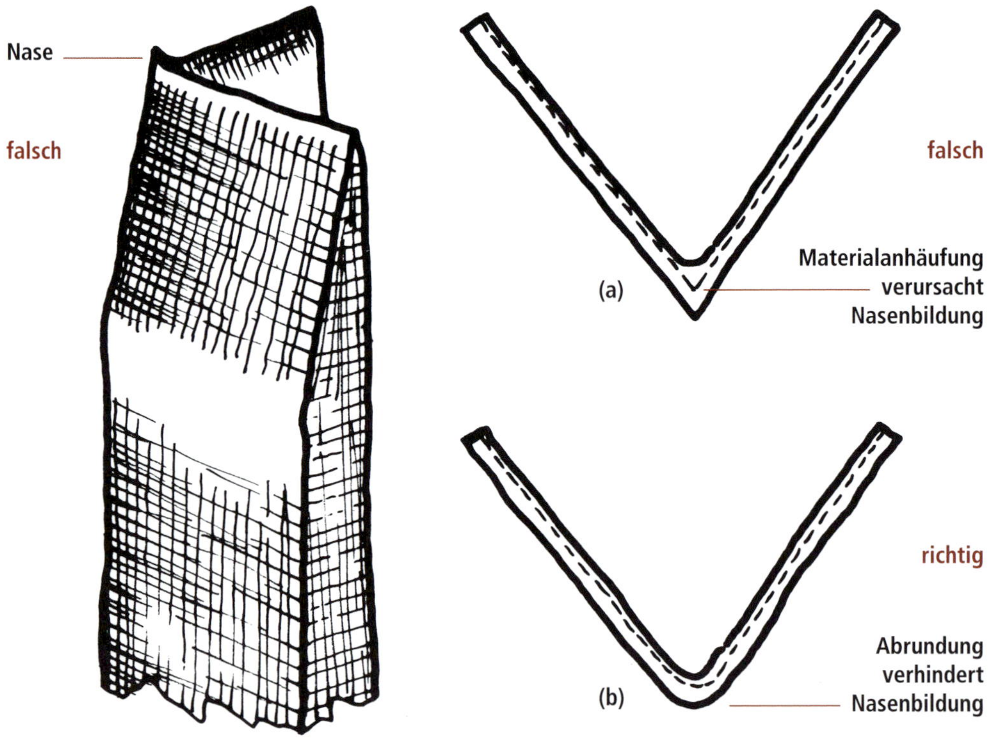

Durch die Materialanhäufung am Schnittpunkt der beiden Flanken (a) bildet sich beim Schärfen eine unerwünschte Nase. Durch Abrunden des Kiels lässt sich das vermeiden (b).

Wandstärken des Eisens machen sich negativ bemerkbar. Zudem bildet sich beim Schleifen der beiden Flanken an ihrem Schnittpunkt, also der Spitze der Schneide, oft eine nach vorne springende Nase. Das beruht darauf, dass die Wandstärke hier durch den kleinen Innenradius dicker ist als an den Seitenwänden. Um dieses Problem zu vermeiden, sollte man die äußere Kante, den sogenannten Kiel, mit einem zum inneren Radius etwa konzentrischen Radius abrunden. Dazu genügen meist wenige Züge auf einem mittelfeinen Schärfstein.

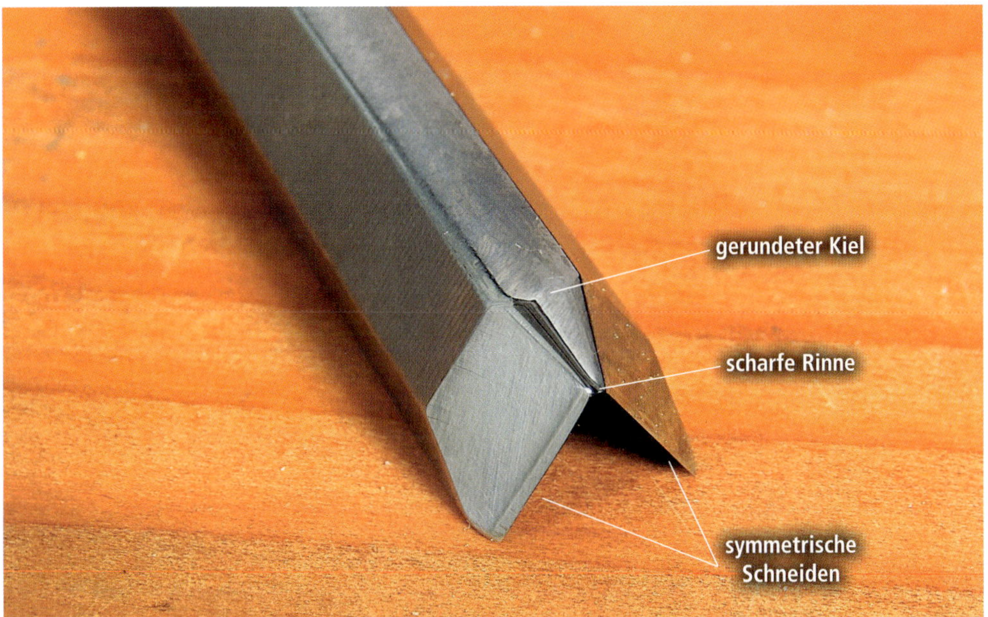

Eine möglichst scharfe Rinne, symmetrisch verlaufende Schneiden und ein abgerundeter Kiel kennzeichnen den korrekten Anschliff beim Geißfuß.

TIPP

Augen auf: Um beim Schärfen nicht auf unüberwindbare Hindernisse zu stoßen, ist es wichtig, bereits beim Kauf eines Geißfußes auf eine präzise Ausführung zu achten. Die Qualitätskriterien – symmetrische Wandstärken, sauber polierte und plane Innenflächen sowie eine möglichst scharfe Innenkante der Rinne – erfüllen leider auch neue Eisen nicht immer.

DRECHSELEISEN

Das Drechseln war ehemals das Handwerk der Fürsten und Könige. Herrscher wie August „Der Starke" von Sachsen beschäftigten im 18. Jahrhundert an ihren Höfen nicht nur die führenden Drechselmeister ihrer Zeit, sondern ließen sich auch selbst in der drehenden Kunst unterrichten. Diese Wertschätzung offenbart sich heute in großartigen Sammlungen, wie etwa dem Grünen Gewölbe in Dresden.

Seit geraumer Zeit erlebt das Drechseln als Hobby wieder eine weltweite Renaissance. Auf dem Markt äußert sich das durch ein nahezu unüberschaubares Angebot an Drechseleisen-Typen und Spezialwerkzeugen. Doch man braucht nicht notwendigerweise eine große Vielzahl von Eisen, um überzeugende Objekte zu drechseln. Oft ist die Beschränkung auf wenige Werkzeuge, mit denen man dafür umso vertrauter ist, der bessere Weg. So drechselte anlässlich eines Besuchs des Autors in den 1990er Jahren der legendäre schwedische Holzhandwerker Wille Sundqvist die unten abgebildete Schale aus halbtrockenem Birkenholz fast vollständig mit einem einzigen Hakeneisen! Er benötigte dazu weniger als eine Stunde.

Das Drechseln hat in den letzten Jahrzehnten eine Renaissance erlebt.

7.1 Stahlsorten

Hinsichtlich ihrer Funktion kann man die Drechselwerkzeuge im wesentlichen in Röhren, Meißel, Abstecheisen, Schaber und Spezialwerkzeuge unterteilen. Sie wurden in früheren Zeiten, ebenso wie alle anderen Holzbearbeitungswerkzeuge, aus Kohlenstoffstahl geschmiedet. Dass dieser Werkstoff heute an Bedeutung verloren hat, liegt hauptsächlich an seiner mangelnden Warmfestigkeit. Bereits Temperaturen ab etwa 150° C, die an der Schneide beim Trockenschliff ebenso wie beim Drechseln von Hartholz schnell erreicht werden, führen zu Diffusionsprozessen und damit zu einer Minderung der Standzeit. Ab etwa 250° (Orangefärbung) kommt es zu einem deutlichen Rückgang der Grundhärte von etwa 60 HRC, der Stahl „glüht aus".

Dieses Problem tritt bei den heute überwiegend verwendeten HSS-Drechseleisen nicht auf. Sie vertragen Temperaturen bis zu 600° ohne Härteverlust und weisen zudem eine höhere Grundhärte von 66-70 HRC auf. Damit sind sie auch auf trocken laufenden Schleifmaschinen oder Bandschleifern, den heute gängigen Verfahren für den Grundschliff, bedenkenlos zu bearbeiten. Noch härter und verschleißfester und in hohem Maße temperaturfest sind Werkzeuge aus pulvermetallurgisch hergestellten (PM) Stählen, die in letzter Zeit zunehmend angeboten werden.

Bei all den Vorzügen sollen aber auch die Nachteile von HSS- und PM-Stählen nicht unerwähnt bleiben:

- Ihr Gefüge ist relativ grob (siehe „Stahlkunde"), obwohl metallurgisch ständig an einer Verbesserung der kristallinen Struktur gearbeitet wird. Es lässt sich damit keine so hohe Schärfe erzeugen wie mit Kohlenstoffstahl. Ähnliches gilt für Werkzeuge mit Karbid-Einsätzen, wie sie teilweise für Schaber oder Ausdreheisen verwendet werden.

- Das manuelle Schärfen auf Wassersteinen ist problematisch, weil es mit hohem Steinverschleiß verbunden ist. Man benötigt Diamantwerkzeuge oder Schleifmaschinen.

7.2 Allgemeine Hinweise

Aufgrund der im Vergleich zu reinen Handwerkzeugen hohen Zerspanleistung müssen Drechselwerkzeuge, selbst wenn sie aus sehr hartem Stahl gefertigt sind, relativ häufig geschärft werden. Obwohl die Methoden unter den Drechslern oft weit auseinander gehen, besteht allgemeine Übereinstimmung in dem Punkt, dass ein möglichst gutes Schneidverhalten des Werkzeugs die Voraussetzung für ein genaues und sicheres Drechseln darstellt. Je anspruchsvoller die Aufgaben sind, etwa beim Drechseln von Dünnwandgefäßen, umso schärfer muss das Werkzeug sein.

Ähnlich wie bei Bildhauereisen sind drei Bearbeitungsstufen zu unterscheiden: Grundschliff, Schärfen und Abziehen.

Grundschliff

Beim Grundschliff geht es um das Herstellen der Schneidenform und des Fasenwinkels, sowie das Herausschleifen eventueller Scharten. Die Fasenwinkel liegen je nach Werkzeugtyp und Belastung zwischen 30° für feine Schlichtarbeiten mit Röhren oder Meißeln bis zu 80° für Schaber. Die Fase sollte möglichst gerade sein, ohne Sekundär- oder Mikrofase, oder allenfalls einen geringen Hohlschliff aufweisen. Ein starker Hohlschliff, wie er etwa mit Schleifscheiben unter 150 mm Durchmesser erzeugt wird, schwächt die Schneide, erhöht das Sprödbruchrisiko und macht das Eisen schwerer kontrollierbar. Zudem verschlechtert sich die Wärmeabfuhr, was vor allem bei Kohlenstoffstählen zum Ausglühen führen kann.

Schärfen

HSS- und PM-Stähle werden heute hauptsächlich auf trocken laufenden Schleifscheiben geschärft, oft unter Zuhilfenahme von Führungen. Achten Sie darauf, dass der Scheibendurchmesser wenigstens 150 mm beträgt, die Breite minimal 40 mm und die Steinkörnung 60 oder feiner ist. Arbeiten Sie mit wenig Druck und tragen Sie nur so viel Material wie zwingend notwendig ab.

Die langsamer arbeitenden, wassergekühlten Nassschleifscheiben erlauben eine bessere Kontrolle und erzeugen in der Regel standfestere Schneiden. Das bewährte Tormek-Schärfsystem verfügt über spezielle Führungen für Drechseleisen, die Shinko-Maschine mit Topfscheibe ermöglicht einen Planschliff der Fase. Man kann die Werkzeuge auf Wassersteinen oder diamantbeschichteten Schärfblöcken auch rein manuell bearbeiten, ähnlich wie Bildhauereisen.

Abziehen

Der beim Schärfen gebildete Grat wird mit einem Multiformstein der Körnung 4.000 und höher oder einer feinkörnigen Diamantfeile abgetragen. Da die hochlegierten Stähle sehr zäh sind, ist meist ein wiederholtes Bearbeiten der gegenüberliegenden Flächen erforderlich, um eine gratfreie Schneide zu bekommen. Bei Schabeisen wird der Grat oft bewusst stehen gelassen oder gezielt erzeugt, um ihm wie bei Ziehklingen eine schneidende Funktion zu verleihen. Vermeiden Sie das Abziehen oder Polieren mit Filz- oder Gummischeiben, die zu unerwünschten Fasenabrundungen führen.

Viele Drechsler verzichten grundsätzlich auf das Abziehen (siehe „Expertentipp“, Seite 133) und nutzen den beim Schärfen erzeugten Grat und die damit verbundene Mikroverzahnung als Schneide. Machen Sie Versuche, um Ihre bevorzugte Technik zu finden.

7.3 Röhren

Röhren sind die Standardwerkzeuge des Drechslers. Je nach Verwendung unterscheidet man Langholz-Formröhren, Schalenröhren und Schrupprühren, die jeweils unterschiedlich dimensioniert und angeschliffen sind.

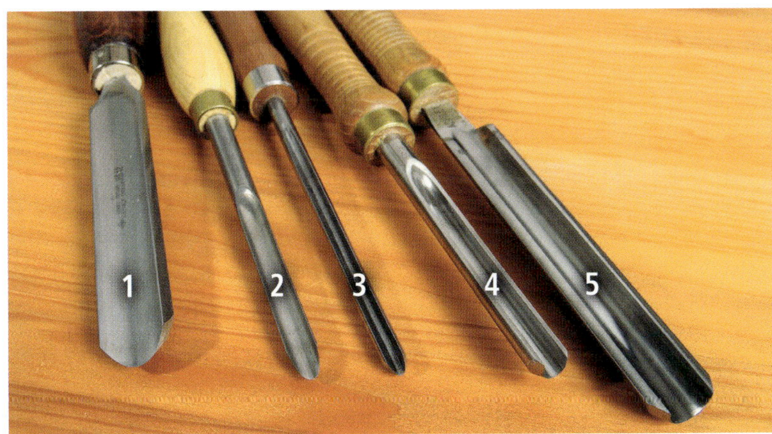

(1), (2), (3) Langholz-Formröhren, fingerförmiger Anschliff

(4) Schalenröhre, gerader Anschliff

(5) Schrupprühre, gerader Anschliff

Die kräftig dimensionierten, meist geschmiedeten Schruppröhren dienen für die anfängliche grobe Formgebung mit starker Spanabnahme. Ihre Schneide verläuft senkrecht zur Werkzeugachse, der Fasenwinkel liegt bei 40° bis 45°.

Die Langholz-Formröhre ist weniger tief genutet und leichter dimensioniert. Ihr fingerförmiger Anschliff ermöglicht eine feine Spanabnahme. Im Vergleich zur Schruppröhre weist sie einen flacheren Fasenwinkel von minimal 30° für weiche Hölzer bis etwa 40° für Hartholz auf.

Die Schalenröhren werden ihrer höheren Belastung entsprechend aus massivem Rundstahl mit einer tiefen Nutung gefräst. Sie sind entweder rechtwinklig angeschliffen oder in einer spitzen Fingernagelform, die lange seitliche Schneiden aufweist. Damit ist das Werkzeug sehr vielseitig für grobe und feine Arbeiten an Innen- und Außenflächen von Schalen einsetzbar. Der Fasenwinkel ist relativ stumpf mit etwa 40° bis 60°.

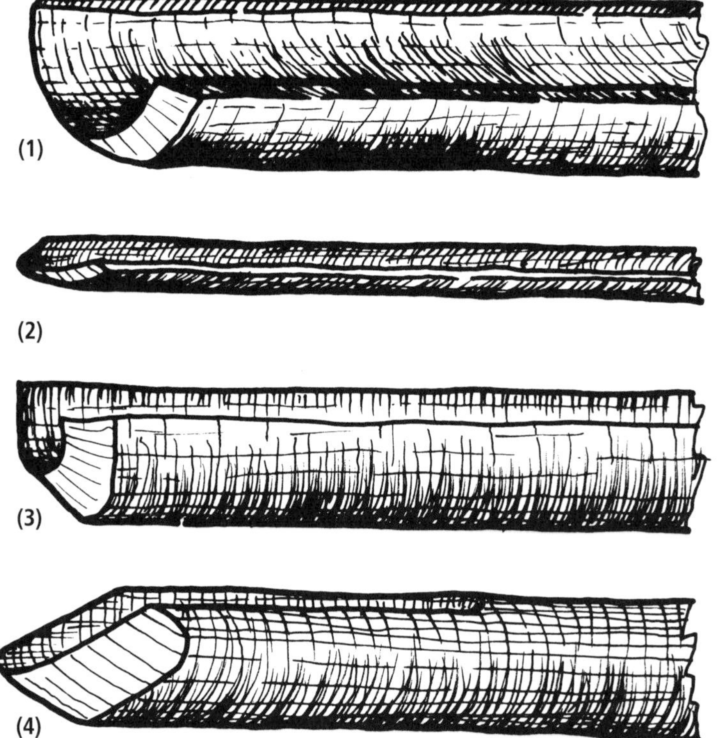

Anschliffarten bei Röhren:
(1) Schruppröhre, gerader Anschliff
(2) Langholz-Formröhre, fingerförmiger Anschliff
(3) Schalenröhre, gerader Anschliff
(4) Schalenröhre, fingerförmiger Anschliff

Röhren mit geradem Anschliff können mit etwas Übung frei Hand auf einer wassergekühlten Schärfmaschine oder auf Blocksteinen geschärft werden. Wesentlich anspruchsvoller ist der fingerförmige Anschliff, bei dem auch die seitlichen Flanken schneiden und der Fasenwinkel über die Schneidenbreite variiert. Er lässt sich in der Regel nur mit einer einstellbaren, speziellen Schleifführung, wie sie beispielsweise von Tormek angeboten wird, reproduzieren.

Maschinelles Schärfen

Aufgrund ihrer relativ einfachen Schneidengeometrie kann man Schruppröhren oder Schalenröhren mit geradem Anschliff auch ohne Schleifführung auf einer wassergekühlten Maschine schärfen. Die Werkzeugstütze wird nahe an der Scheibe fixiert, aus dem Werkzeugüberstand resultiert der Fasenwinkel. Der Zeigefinger der linken Hand dient als Anschlag. Die korrekte Position markieren Sie am besten mit einem wasserfesten Stift auf dem Klingenrücken.

Bei von der Schneide weg drehender Scheibe wird die Röhre seitlich gekippt. Man kontrolliert das Schliffbild, ohne mit der Hand loszulassen.

Da sich die Scheibe von der Schneide weg dreht, bleiben der Arbeitsbereich und die Kontaktzone gut einsehbar. Schleifen Sie die Fase unter langsamen seitlichen Kippbewegungen, während das Eisen genau senkrecht zur Werkzeugstütze geführt wird. Prüfen Sie wiederholt die Fase, ohne mit der linken Hand das Eisen loszulassen. Deren Position sollte nur bei Korrekturbedarf verändert werden. Bearbeiten Sie die Fase, bis ein gleichmäßiges Schliffbild vorliegt und ein Grat über die ganze Breite aufgeworfen wurde.

Manuelles Schärfen

Für das manuelle Schärfen gibt es mehrere Möglichkeiten:

- Man setzt die Klinge auf einer festen Unterlage ab und geht mit dem Stein über die Fase.

- Alternativ kann man die Fase über den Blockstein (bevorzugt einen Diamantstein) führen, der auf der Bank rutschfest liegt. Dabei setzt man das Eisen in Längsrichtung im Fasenwinkel auf und macht Längszüge, die mit einer seitlichen Rollbewegung kombiniert sind. Schärfen Sie von der Schneide weg, um eine Beschädigung des Steins zu vermeiden.

- Man kann das Eisen auch quer zur Steinlängsachse halten und eine kombinierte Schub/Rollbewegung durchführen, wie bereits für Bildhauer-Hohleisen beschrieben.

Machen Sie Versuche, um herauszufinden, was Ihnen besser liegt. Das Markieren der Fasenfläche mit einem wasserfesten Filzstift hilft bei der Kontrolle.

Abziehen

Ziehen Sie anschließend die Innenfläche und Fase im Wechsel mit einem feinen Multiformstein oder einem feinkörnigen Diamant-Schärfkegel ab. Auch ein mit feinem Wasserschleifpapier umwickelter Stab von passendem Durchmesser eignet sich für diese Aufgabe. Lassen Sie das Schärfwerkzeug an der Spiegelseite flach anliegen, so dass die Schneide nicht von innen verrundet wird.

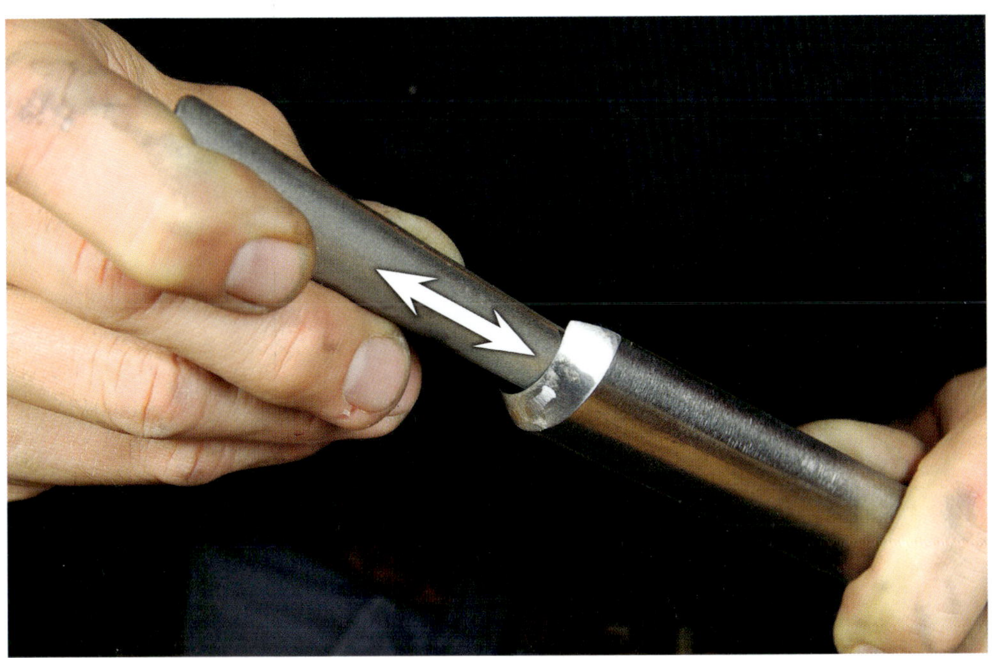

Ein feinkörniger diamantbeschichteter Schärfkonus eignet sich gut für die Innenbearbeitung. Man lässt ihn an der Spiegelfläche anliegen und macht geradlinige Bewegungen.

Die gut geschärfte Röhre erlaubt eine hohe Spanabnahme bei zugleich sicherer Handhabung.

7.4 Drehmeißel

Drehmeißel werden für Lang- und Querholzbearbeitung eingesetzt. Sie haben entweder einen rechteckigen oder ovalen Querschnitt, die Schneide verläuft rechtwinklig oder schräg (60° bis 70°) zur Werkzeugachse. Der Anschliff ist in der Regel beidseitig (mitunter werden auch normale Stecheisen mit einseitigem Anschliff zweckentfremdet), wobei die Fasen einen Winkel von 25° bis 35° einschließen.

Für den Grundschliff und das Schärfen eignet sich am besten eine wassergekühlte Maschine mit einstellbarer Werkzeugauflage und Schärfführung.

Beim manuellen Schärfen geht man analog wie bei einem Stecheisen vor. Man bearbeitet also das Werkzeug in Längszügen auf dem liegenden Stein, hält den Fasenwinkel möglichst exakt ein und vermeidet Wippbewegungen. Achten Sie darauf, dass beide Fasen gleich ausfallen.

(1) Flachmeißel, beidseitiger Schräganschliff

(2) Konischer Flachmeißel, beidseitiger Schräganschliff

(3) Flachmeißel, einseitiger Anschliff

(4) Ovaler Flachmeißel, beidseitiger Anschliff

(5) Ovaler Flachmeißel, beidseitiger Schräganschliff

Etwas schwieriger zu schärfen sind Spezialmeißel mit Radiusanschliff, wie sie teilweise für profilierte Drehteile verwendet werden. Hier muss man die geradlinige Bewegung mit einer entsprechenden Drehbewegung kombinieren.

Drehmeißel funktionieren umso besser, je schärfer sie sind. Ziehen Sie deshalb den Grat sauber mit einem feinen japanischen Wasserstein oder Belgischen Brocken ab. Der Meißel soll nicht schaben, sondern feine Späne schneidend abtragen. So erzeugte Oberflächen bedürfen keiner Nachbearbeitung mit dem Schleifpapier.

In dieser Werkzeugführung lässt sich der Flachmeißel hinsichtlich des Schneidenverlaufs und des Fasenwinkels exakt und reproduzierbar schärfen.

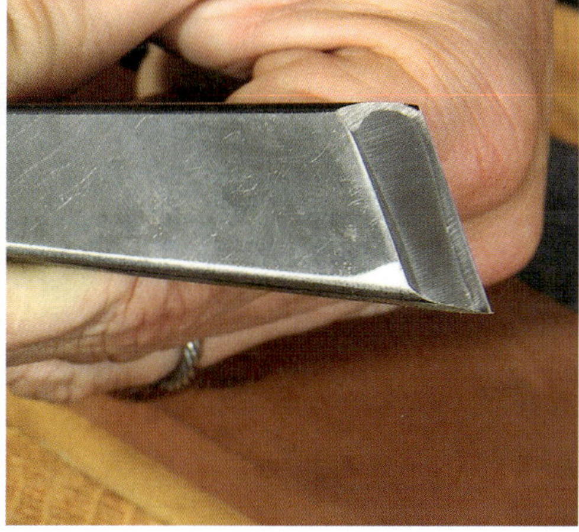

Auf einem japanischen Wasserstein der Körnung 1.000 wird die Schneide weiter geglättet. Durch den Hohlschliff liegt nur der Rand an.

7.5 Abstechstähle

Abstechstähle mit einfacher Meißel- oder Dreiecksform werden ähnlich wie Stecheisen geschärft. Die Fasenwinkel variieren je nach Hersteller zwischen 30° und 50°. Achten Sie darauf, dass die Schneide immer exakt senkrecht zur Längsachse des Werkzeugs steht, um ein Verlaufen zu vermeiden.

Dreieckige Abstechstähle mit hinterschliffenen Seitenwangen („Diamantform“) schneiden besonders reibungsarm. Hier muss man beim Schärfen der beiden Fasen darauf achten, dass die Schneide genau in der Mittellinie des Eisens – an seinem stärksten Querschnitt – liegt.

Um die Schnittqualität zu verbessern, haben manche stecheisenförmigen Abstechstähle eine Längsnut auf der unten liegenden Fläche. Durch die an den Schneidkanten vorstehenden „Ohren“ werden die Fasern besser durchtrennt,

(1) Abstechstahl, dreieckig

(2) Abstechstahl, meißelförmig, extradünn

ähnlich wie mit Vorschneidern an einem Nuthobel. Diese Stähle werden nur auf der Fase geschärft und beidflächig abgezogen. Um den innenliegenden Grat zu beseitigen, benötigt man einen kleinen, gerundeten Multiformstein.

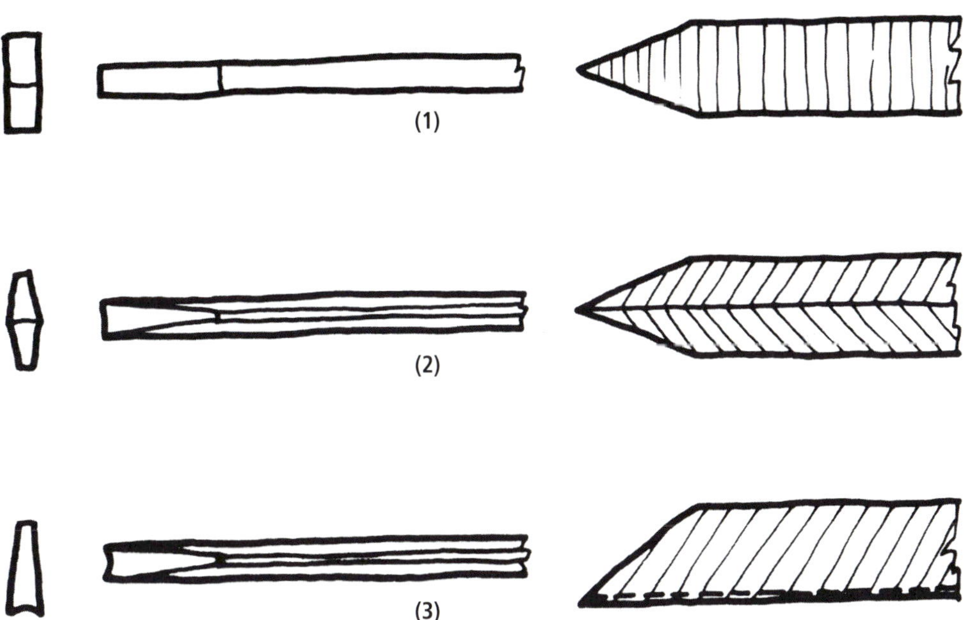

Anschliffarten bei Abstechstählen:

(1) Dreieckig

(2) Diamantform

(3) Meißelform, genutet

TIPPS

Auflagekanten abrunden: Um die Werkzeugauflage zu schonen, ist es empfehlenswert, scharfe Auflagekanten bei allen Eisen mit rechteckigem Querschnitt (mit Ausnahme des genuteten Abstechstahls) etwas abzurunden.

Oberkanten brechen: Brechen Sie bei Abstechstählen mit rechteckigem Querschnitt die oben liegenden Kanten mit einer schmalen Fase, damit sie bei tiefen Einstichen nicht in der Nut schaben.

7.6 Schaber und Hakeneisen

Schabende Drechseleisen werden in den verschiedensten Formen für das Schlichten von Außen- und Innenkonturen eingesetzt. Sie sind in einem stumpfen Winkel von etwa 80° angeschliffen. Als Schneide dient in der Regel ein nach dem Abziehen aufgeworfener Grat, ähnlich wie bei einer Ziehklinge. Viele Drechsler lassen zu diesem Zweck den Grat, der sich an der Schleifmaschine bildet, als Schneide stehen.

Mit dieser Praxis sind jedoch keine sauberen Oberflächen erzeugbar, da der Grat relativ unregelmäßig ist und die grobe Mikrostruktur sich 1:1 auf der Holzoberfläche abbildet. Es ist deshalb empfehlenswert, Fase und Spiegelfläche des Eisens in gewohnter Weise mit einem feinen Stein oder einer Diamantfeile abzuziehen und anschließend mit einem Abziehstahl den Grat aufzuwerfen. Die Firma Veritas bietet dazu einen speziellen Abziehdorn an, der den Vorgang sicherer und genauer macht. Die Schneiden von schabenden Werkzeugen unterliegen einem höheren Verschleiß als bei spanabtragenden Eisen, sie müssen daher öfter geschärft werden.

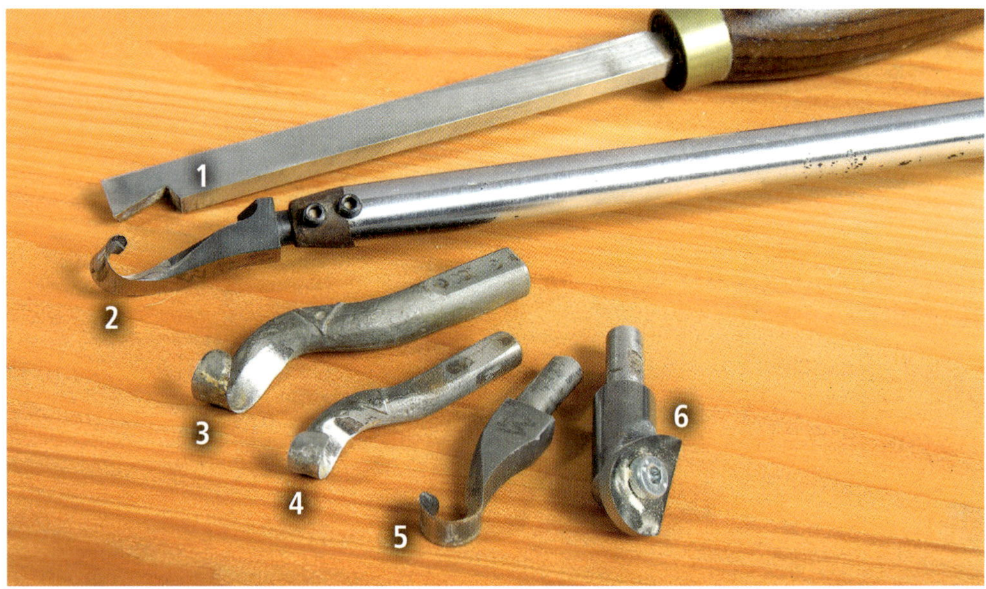

(1) Schwalbenschwanzschaber
(2) Hakeneiseneinsatz mit Werkzeugträger
(3)-(5) Hakeneinsätze
(6) Profilschaber-Einsatz

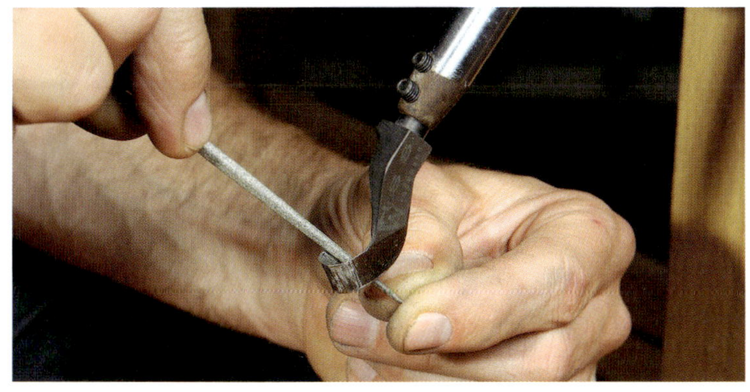

Zum Schärfen von Ringeisen oder Hakeneisen eignen sich besonders zylindrische oder kegelige Diamantschärffeilen. Man spannt das Werkzeug ein und bearbeitet die innen liegende Fasenfläche mit gleichmäßigen Strichen.

EXPERTENTIPPS

Vom Möbelbau bis hin zur Baumsanierung hat sich der Schreinermeister, Drechsler und Baumkletterer Günter Friese dem Werkstoff Holz ganzheitlich verschrieben. Bewusst geht er den Weg des geringstmöglichen technischen Aufwands. Gerade die Reduktion der Mittel ermöglicht ihm eine noch innigere Beziehung zu diesem zauberhaften Naturstoff. In Drechsel- und Waldkursen gewährt der sensible Holzwerker Einblick in seinen reichen Erfahrungsschatz:

Drechseleisen schneiden meiner Erfahrung nach am besten, wenn die Schneide noch eine gewisse Rauigkeit aufweist. Ich empfehle daher, nur bis zu einer mittleren Körnung (etwa 400 bis 600) zu schärfen und auf die Politur mit feinen Abziehsteinen zu verzichten. Meiner Meinung nach hängt das damit zusammen, dass die Mikrozähne an der Schneide eine Wirkung vergleichbar dem ziehenden Schnitt haben.

Zur sicheren Handhabung des Eisens gehört nicht nur eine gute Schneide, sondern auch ein angenehmes Griffgefühl. Drechseln Sie sich Ihre Griffe selbst, ausgelegt nach der Größe des Werkzeugs und der Ergonomie Ihrer Hände. Die Griffe sollten an der Schulter schlank, mittig etwas tailliert und hinten leicht knaufförmig verdickt sein. Richtig angebrachte Rillen oder Kerben sind nicht nur ornamentales Zierwerk, sondern verbessern auch die Griffsicherheit.

BOHRER

Unter den Holzbearbeitungswerkzeugen gehört der Bohrer zu jenen, die am häufigsten verwendet und dennoch am stiefmütterlichsten behandelt werden. Nicht selten wird aus Bequemlichkeit oder Unwissenheit der falsche Bohrer benutzt – etwa ein Eisenbohrer für Holz – mit der Konsequenz, dass er verläuft oder die Bohrung nicht maßhaltig ist. Fast immer wird im Verhältnis zum Vorschub mit zu hoher Drehzahl gebohrt.

Wenn der Bohrer stumpf ist, wird zuerst einmal der Druck erhöht, bis „nichts mehr geht". Die Folge ist, dass er ausglüht und die Bohrung ungenau wird oder verkohlt. Dass in den Holzwerkstätten so viele stumpfe Bohrer rotieren, ist jedoch völlig unnötig. Denn das Schärfen der meisten Bohrer ist weniger kompliziert als man gemeinhin annimmt und geht zudem relativ rasch vonstatten – einige wenige Hilfsmittel und Verständnis über die Wirkungsweise des jeweiligen Bohrers vorausgesetzt.

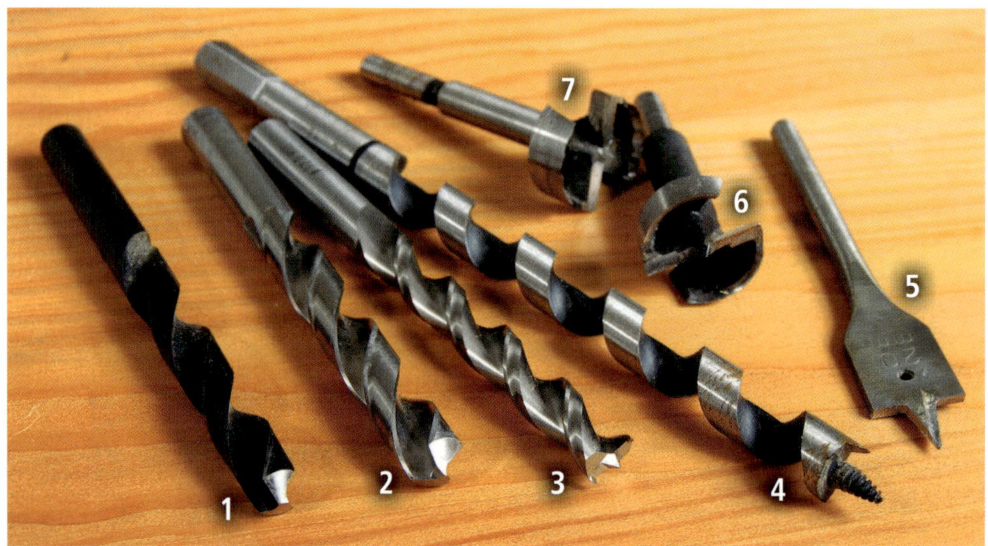

(1) Universal-Spiralbohrer
(2 „Ausgespitzter" Spiralbohrer
(3) Holz-Spiralbohrer mit Zentrierspitze
(4) Schlangenbohrer
(5) Flachfräsbohrer
(6) Forstnerbohrer
(7) Forstnerbohrer mit Wellenschliff

8.1 Grundsätzliches

- Im Gegensatz zu anderen Handwerkzeugen, bei denen man mit der Schneidengeometrie experimentieren kann, macht es in der Regel keinen Sinn, den werksseitig optimierten Anschliff eines Qualitätsbohrers verbessern zu wollen.

- Entscheidend beim Schärfen ist, dass die Spitze genau zentrisch bleibt und an der Umfangsfläche (Mantel) kein Material abgetragen wird. Beides würde den effektiven Bohrungsdurchmesser beeinflussen und damit den Bohrer unbrauchbar machen (Ausnahme: Flachfräsbohrer).

- Bearbeiten Sie nur die Flächen, die es nötig haben und tragen Sie nur so viel Material ab, wie unbedingt erforderlich.

- Bohrer aus Werkzeug- oder Kohlenstoffstahl können mit hochwertigen Stahlfeilen bearbeitet werde. Für HSS-Bohrer benötigt man Diamantfeilen.

8.2 Flachfräsbohrer

Der Flachfräsbohrer, auch Spatenbohrer genannt, ist der einfachste Holzbohrer. Er hinterlässt eher grobwandige und oft nicht exakt maßhaltige Bohrungen. Im Hirnholz neigt er zum Verlaufen. Seine Vorteile sind, neben dem günstigen Preis, die leichte Schärfbarkeit und die Möglichkeit, durch Bearbeitung der Seitenflanken den Durchmesser zu beeinflussen.

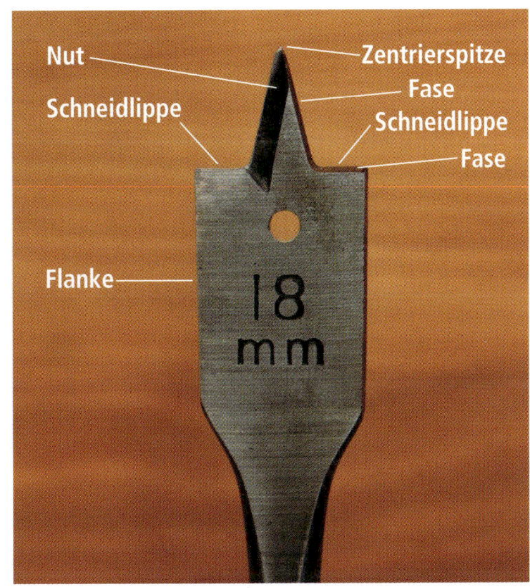

Ein Flachfräsbohrer ist verhältnismäßig einfach aufgebaut und relativ leicht nachzuschärfen.

Spannen Sie zum Schärfen den Spatenkopf knapp unterhalb der Schneidlippen in einem mit Schutzbacken versehenen Schraubstock oder einer Feilkluppe. Mit einer kleinen Flachfeile vom Hieb 1 oder feiner oder einer feinkörnigen Diamant-Flachfeile bearbeiten Sie nun beide Schneidlippen unter Einhaltung des vorgegebenen Freiwinkels von etwa 10°.

Flachspitzbohrer sind meist nicht sehr hart und deshalb leicht zu feilen. Tragen Sie nur so viel Material wie nötig ab – in der Regel genügen wenige Striche – und achten Sie darauf, dass die beiden Schneidlippen exakt auf einem Niveau zu liegen kommen.

Die Zentrierspitze kann durch vorsichtiges Feilen der beiden Fasen, die ebenfalls einen Freiwinkel von etwa 10° aufweisen, geschärft werden. Dabei besteht jedoch das Risiko, dass man die Spitze exzentrisch schleift. Sicherer ist es, mit einem kleinen Multiform-Abziehstein nur die beiden seitlichen Schneidnuten etwas nachzuarbeiten.

Bearbeitung der Schneidlippe mit einer flachen Diamant-Schärffeile.

Achten Sie bei der Bearbeitung der Spitze darauf, dass sie zentriert bleibt.

Um dieses Problem zu vermeiden, kann man auch nur die seitlichen Nuten mit einem spitzwinkligen Arkansas-Formstein nacharbeiten.

8.3 Schlangenbohrer

Um glatte, maßhaltige Durchgangslöcher herzustellen, ist der Schlangenbohrer das geeignete Werkzeug. Je nach Ausführung – ein- oder zweiwendelig – hat er die entsprechende Anzahl Schneidlippen und Vorschneider. Durch seine Schraubspitze, die den Vorschub bestimmt, verträgt der Schlangenbohrer nur niedrige Drehzahlen. Ursprünglich wurde er ausschließlich in der Bohrwinde eingesetzt, Typen mit feiner Gewindespitze können jedoch auch mit einer starken, regelbaren Handbohrmaschine betrieben werden.

Als Werkstoff kommt meist mittelharter, legierter Werkzeugstahl zum Einsatz, der relativ leicht von Hand geschärft werden kann. Dazu spannt man den Bohrer in einem Schraubstock mit Schutzbacken oder legt ihn in einem Holzblock mit V-förmiger Nut ab, den man sich für diesen Zweck anfertigt. So kann der Bohrer leicht mit der Hand festgehalten und nach Bedarf gedreht werden.

Bearbeitet wird primär die unten liegende Fase der Schneidlippe mit einer kleinen Nadel-Flachfeile oder Diamantfeile. Da durch jeden Materialabtrag an der Fase auch der Fuß der Schraubspitze geschwächt wird, können Schlangenbohrer nicht beliebig oft nachgeschärft werden. Tragen Sie deshalb nur so viel wie unbedingt nötig ab, es genügen in der Regel zwei bis fünf Striche.

Der Vorschneider wird an der Innenfläche mit einem schlanken Arkansas-Abziehstein geschärft. Keinesfalls darf an der Außenflanke des Vorschneiders gefeilt werden! Entfernen Sie auch die entstehenden Grate innen an der Schneidlippe und dem Vorschneider vorsichtig mit dem Abziehstein.

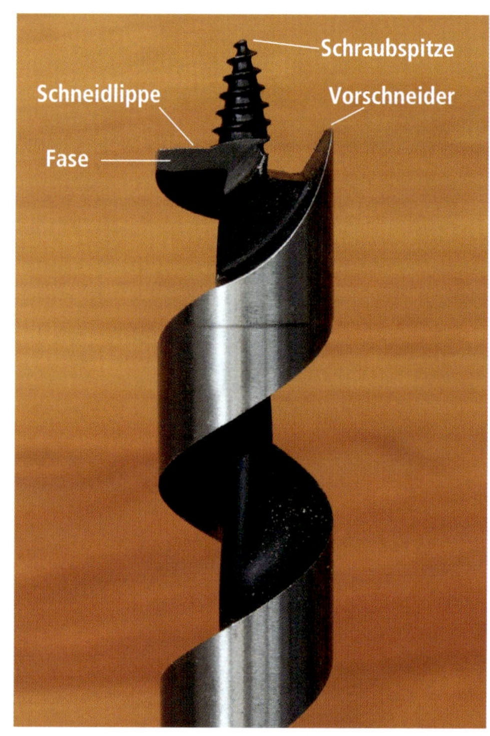

Bei einem Schlangenbohrer wird vor allem die Schneidlippe bearbeitet.

Einwendelige Schlangenbohrer haben auch nur eine Schneidlippe. Sie wird durch Bearbeitung der unten liegenden Fase mit einer Diamantfeile geschärft.

Der Vorschneider wird nur von innen mit einem Arkansasstein geschärft.

Nur wegen einer verschlissenen oder beschädigten Schraubspitze müssen Sie Ihren Schlangenbohrer nicht in die Schrottkiste werfen. Meist kann man die Gewindegänge mit einer scharfkantigen, messerförmigen Nadelfeile oder einer spitzwinkligen Sägefeile, wie sie zum Schärfen japanischer Sägen angeboten wird, nacharbeiten.

Bei größeren Defekten an der Schraubspitze bleibt als letzte Möglichkeit, sie durch Befeilen in eine Zentrierspitze, ähnlich der eines Maschinen-Holzbohrers, umzuwandeln. Achten Sie drauf, dass die Spitze den höchsten Punkt des Vorschneiders überragt und genau zentriert ist. Und vergessen Sie nicht, abschließend etwas Korrosionsschutzöl aufzutragen.

TIPP

Saubermachen: Zum Reinigen von verharzten Schraubspitzen und Bohrern kann man diese über Nacht in Terpentinöl legen (das funktioniert auch bei verstopften Feilen und Raspeln).

Mit der scharfkantigen Sägefeile werden die Gewindegänge nachgearbeitet.

8.4 Holz-Spiralbohrer mit Zentrierspitze

Mit der Ablösung der Bohrwinde durch die Bohrmaschine wurde auch der Schlangenbohrer weitgehend durch den Spiralbohrer mit Zentrierspitze verdrängt. Davon gibt es verschiedene Varianten, mit und ohne spezielle Vorschneider, aus Werkzeugstahl, HSS oder mit Hartmetallspitze.

Am einfachsten zu schärfen ist die Standardausführung. Hier werden die Spitze, die Schneidlippe und die als Vorschneider dienende Ecke in einem Schliff hergestellt. Der Winkel zwischen der Spitze und den Schneidlippen beträgt in der Regel 90°, der Freiwinkel ist 10°. Die Schneidfasen und Flanken der Spitze können deshalb mit einem quadratischen Schleifstift gemeinsam bearbeitet werden.

Wenn der Verschleiß nicht hoch ist und man das Risiko des Exzentrischschleifens der Spitze vermeiden will, kann man auch nur die Schneidlippen von der genuteten Seite her etwas nacharbeiten. Dazu verwendet man entweder eine

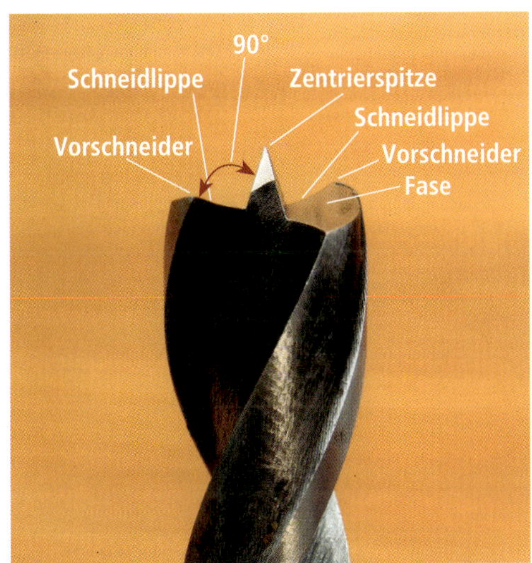

Beim einfachen Holz-Spiralbohrer aus Werkzeugstahl werden Schneidlippe, Vorschneider und Zentrierspitze in einem Schliff hergestellt und können dementsprechend leicht nachgeschärft werden.

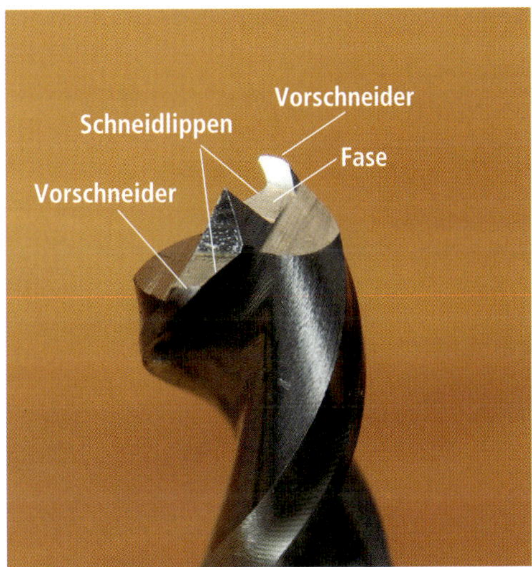

Die hochwertige Version aus HSS-Stahl zeichnet sich unter anderem durch speziell geformte (nämlich nach vorne geneigte) Vorschneider aus, die die Holzfasern zu den Schneidlippen hin ziehen.

runde Diamantfeile oder einen Rundstab von passendem Durchmesser, den man mit feinkörnigem Nassschleifpapier (Körnung 240-600) umwickelt. Man kann auch den blanken Stab nur mit Schleifpaste bestreichen.

Auf die gleiche Weise kann man auch komplexer gestaltete Ausführungen mit speziell angeschliffenen Vorschneidern etwas nachschärfen. Legen Sie den Bohrer in der genuteten Auflage ab und bearbeiten Sie die Schneidlippen unter Einhaltung des Wendelwinkels. Die Schneidengeometrie bleibt dadurch unverändert.

Schwieriger wird die Aufgabe, falls aufgrund stärkeren Verschleißes auch die Fasen und die Vorschneider des Bohrers bearbeitet werden müssen. Dazu muss man sich entweder einen Schleifstift so zurichten, dass er in die Nut zwischen Spitze und Vorschneider passt, oder man verwendet eine sehr schlanke, flachspitze Diamant-Nadelfeile von feiner Körnung. Die Vorschneider dürfen nur an der Innenfläche bearbeitet werden.

Bei modernen HSS-Holzbohrern sind die Vorschneider oft so angespitzt, dass sie die Fasern nach unten zu den Schneiden hin ziehen, womit ein besseres Schneidverhalten erzielt wird. Bemühen Sie sich, diese Geometrie nicht zu verändern. Lassen Sie auch die Spitze nach Möglichkeit unberührt.

Nachschärfen der Schneidlippen eines herkömmlichen Holz-Spiralbohrers an den Spannuten mit einer Diamant-Rundfeile.

Nachschärfen der Schneidlippen eines hochwertigen HSS-Holz-Spiralbohrers mit einem Holzstab, der mit Nassschleifleinen ummantelt ist. Der Durchmesser muss auf die Spannut abgestimmt sein.

Die Vorschneider werden nur von innen mit einer Diamant-Flachspitzfeile geschärft. Achten Sie darauf, dass die nach vorne zeigenden Spitzen erhalten bleiben.

8.5 Forstnerbohrer

Forstnerbohrer liefern maßhaltige und glatte Bohrungen. Durch ihre kurze Spitze und die horizontalen Schneidlippen können sie auch für Sacklöcher, Vertiefungen, schräge oder angeschnittene Bohrungen eingesetzt werden. Diese Vielseitigkeit macht sie, obwohl ursprünglich für die Bohrwinde entwickelt, auch beim maschinellen Holzbohren unentbehrlich.

Dabei wird jedoch oft die Drehzahl zu hoch gewählt, wodurch die Bohrer leicht überhitzen. Die rasche Erwärmung hat konstruktive Gründe: Zur Erzeugung glatter Bohrungswände müssen die Umfangsschneiden geringfügig höher liegen als die beiden Schneidlippen, was zu einer erhöhten Reibung führt. Besonders kritisch ist der Einsatz bei harten oder stark harzhaltigen Hölzern. Durch eine Verzahnung oder wellenförmige Ausführung der Umfangsschneide bemühen sich einige Hersteller erfolgreich um eine Minderung dieses Problems.

Entfernen Sie vor dem Schärfen Verunreinigungen und Harzreste mit Terpentin. Die Umfangsschneiden werden mit einem runden Arkansas-Schleifstift oder einer runden Diamantfeile nur an der inneren Schneidfase geschärft. Da

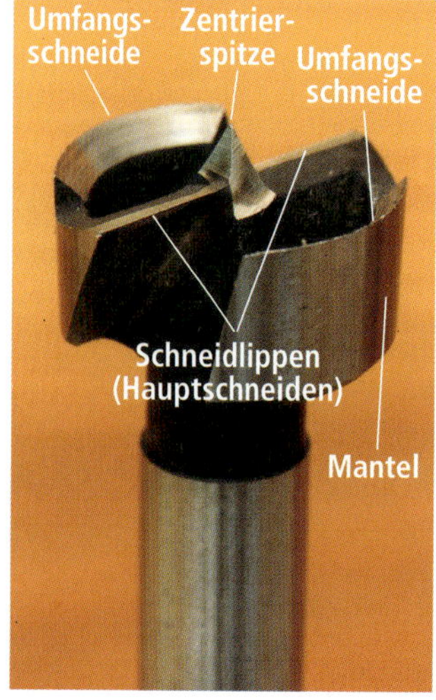

Forstnerbohrer mit gerader Umfangsschneide.

Forstnerbohrer mit Wellenschliff-Umfangsschneide.

Forstnerbohrer mit verzahnter Umfangsschneide.

Die Umfangsschneide des Wellenschliff-Forstnerbohrers wird von innen mit einer Diamant-Rundfeile geschärft.

der Hubweg sehr begrenzt ist, macht man Schleifbewegungen in Umfangsrichtung (längs zur Schneide). In gleicher Weise kann auch ein Wellenschliff bearbeitet werden. Eine Umfangsschneide mit Verzahnung wird mit einem Dreiecksstift oder einer Dreieck-Diamantfeile nachgeschärft.

Die beiden Hauptschneiden werden sowohl von oben als auch von unten (Fasenwinkel etwa 45°), mit einem flachen (rechteckigen oder dreieckigen) Abziehstein geschärft. Tragen Sie nur so viel Material wie unbedingt nötig ab! Die beiden Hauptschneiden sollen zueinander auf einer Höhe sowie in Relation zu den Umfangsschneiden etwa 0,2 mm tiefer liegen. Die Außenfläche (der Mantel) bleibt bis auf ein vorsichtiges Entfernen des Grats bei allen Forstnerbohrern unberührt. Die Spitze dient beim Forstnerbohrer nur zum Ansetzen. Sie soll die Umfangsschneide, die den Bohrer zentriert, nur knapp überragen. Man muss darauf achten, dass sie nicht exzentrisch geschliffen wird.

8.6 Universal-Spiralbohrer

Obwohl vorwiegend für Metall ausgelegt, findet der Universal-Spiralbohrer auch im Holzhandwerk weite Verbreitung. Sein Vorteil liegt in den verfügbaren engen Durchmesserabstufungen und seiner Robustheit durch Verwendung hitzebeständiger HSS-Stähle. Für tiefe Bohrungen in das volle Holz ist er allerdings wegen der relativ flachen Nuten und des dadurch begrenzten Spanaufnahme- und Abfuhrvermögens weniger geeignet. Zudem hinterlässt er, aufgrund fehlender Vorschneider zum Trennen der Fasern, keine so glatten Wandungen wie spezielle Holzbohrer. Nicht zuletzt die Möglichkeit, die Schneidengeometrie nach den eigenen Bedürfnissen anzupassen, lohnt eine genauere Betrachtung dieses Bohrertyps.

Grundschliff

Aufgrund der sehr harten HSS-Stähle werden Spiralbohrer in der Regel an der Schleifmaschine geschärft, oft unter Zuhilfenahme von speziellen Führungen oder mit speziellen Bohrerschleifgeräten. Mit etwas Übung führt auch ein freihändiges Schärfen zu brauchbaren Ergebnissen. Es hat zudem den Vorteil, noch individueller auf die Gestaltung der Schneide eingehen zu können.

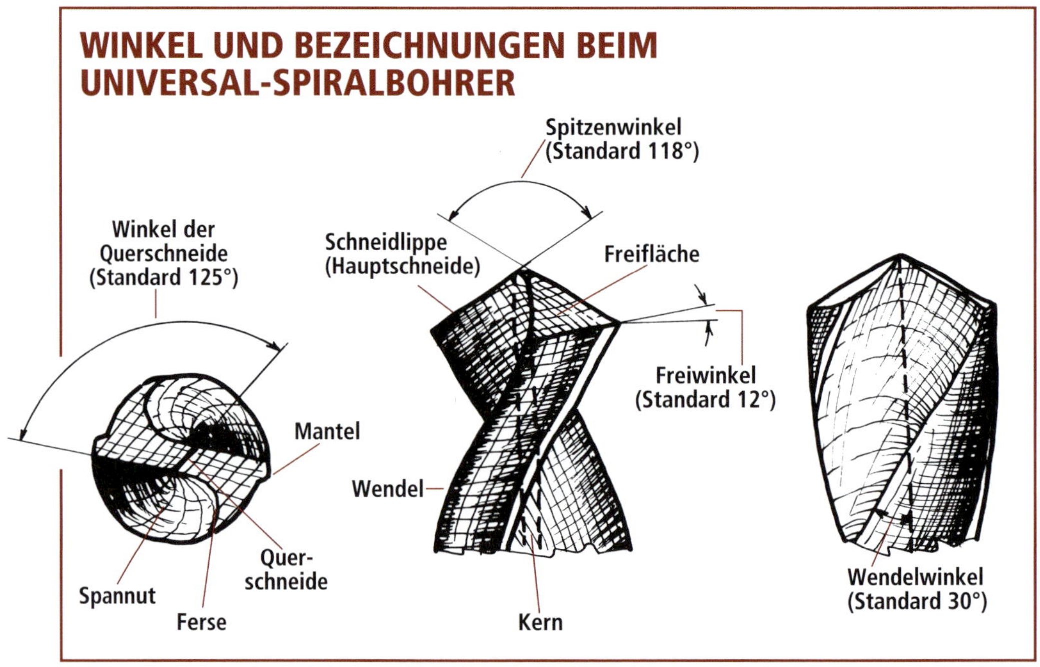

Der Universal Spiralbohrer wird an der planen Stirnseite einer feinkörnigen Schleifscheibe geschärft. Die linke Hand stützt sich auf die Werkzeugauflage. Man führt den Bohrer zuerst waagerecht mit der zur Steinoberfläche parallel angeordneten Schneidkante an die Scheibe heran und kippt ihn dann um den beabsichtigten Freiwinkel nach unten. Tragen Sie eine Schutzbrille und üben Sie nur sehr wenig Druck aus!

Die Hauptschneide, auch Schneidlippe genannt, wird durch die Verschneidung der Freifläche mit der Spannut gebildet, die in einem Wendelwinkel von etwa 30° verläuft. Die beiden Schneidlippen sind an der Spitze durch eine kurze, horizontale Querschneide verbunden.

Die meisten Spiralbohrer sind mit einem für harte Werkstoffe ausgelegten Spitzenwinkel von 118° versehen. Für langspanige und weichere Materialien wie Holz, Kunststoffe oder Kupfer ist jedoch ein etwas kleinerer Spitzenwinkel von etwa 108° günstiger. Der Freiwinkel ist weniger funktionsrelevant, er liegt meist bei etwa 12°. Geschliffen wird in der Regel nur an der Freifläche. Die Außenflanken des Bohrers bleiben generell unangetastet.

Bei neuen Spiralbohrern ist die Freifläche leicht gerundet, was jedoch funktionell nicht zwingend notwendig ist. Leichter ist es, beim Nachschärfen eine plane Freifläche anzubringen, die denselben Zweck erfüllt. Benutzen Sie zum Schärfen eine gut abgerichtete, scharfkantige Schleifscheibe mit Körnung 80 oder feiner.

TIPPS

Häufig nachschärfen: Bei geringem Verschleiß kann man auch mit Hilfe passender, feinkörniger Diamantfeilen (gerade Feile auf der Freifläche, Rundfeile für die Fase in der Spannut) eine Spiralbohrer-Schneide schnell wieder „auffrischen". Einige wenige Züge genügen.

Trick für dünnwandige Teile: Zum Bohren von sehr dünnen Teilen (Furniere, Bleche etc.) ist es vorteilhaft, den Wendelwinkel durch eine kurze senkrechte Fase unter der Hauptschneide bis auf 0° verkleinern, etwa mit einer kleinen Diamantflachfeile. Dadurch wird die Tendenz zum „Fangen" und Hineinziehen des Werkstücks unterbunden.

Halten Sie den Bohrer zuerst waagerecht, mit kurzem Überstand, die Hand auf der Werkzeugstütze aufliegend. Die Schneide ist ebenfalls waagerecht und parallel (oder bei beabsichtigter Änderung des Spitzenwinkels entsprechend angewinkelt) zur Stirnfläche des Schleifsteins ausgerichtet. Nun kippen Sie den Bohrer um den Freiwinkel (etwa 12°) nach unten und führen ihn in dieser Stellung mit leichter Berührung gegen den Stein.

Überprüfen Sie das Schliffbild und korrigieren Sie nach Bedarf. Fahren Sie unter leichtem Druck und mit regelmäßiger Prüfung fort, bis sich eine einheitliche Fläche und eine durchgehende, neue Schneide gebildet haben. Bearbeiten Sie nun die zweite Freifläche in gleicher Weise. Achten Sie auf die Symmetrie der beiden Flächen und auf eine mittige Ausbildung der Querschneide. Schließlich kann man mit einer feinen Diamantfeile die Hauptschneide noch zusätzlich glätten und entgraten, um das Schneidverhalten weiter zu verbessern.

Spitze anschleifen

Das Fehlen einer Zentrierspitze bei herkömmlichen Metall-Spiralbohrern ist beim Bohren von Holz von Nachteil, da es ein punktgenaues Ansetzen fast unmöglich macht und ein Verlaufen begünstigt. Dem kann man beim Schärfen auf zweierlei Weise abhelfen:

- Man schleift einen sogenannten Kreuzschliff an. Dabei wird eine zweite, etwa 60° steile Freifläche an jede Wendel von hinten so angeschliffen, dass sich die Flächen an einem Punkt in der Mitte treffen. Wegen der diffizilen Verhältnisse ist es empfehlenswert, mit einer feinkörnigen Schleifscheibe zuerst vorsichtig den Grobschliff zu machen und dann von Hand mit einer feinkörnigen Diamant-Flachfeile bis zur Spitze nachzuarbeiten. Spiralbohrer mit diesem Grundschliff sind unter der Bezeichnung „Mehrbereichsbohrer" auch bereits im Handel erhältlich.

- Beim sogenannten „Ausspitzen" macht man mit einer dünnen Diamant-Rundfeile oder einer dünnen Schleifscheibe mit Rundprofil einen beidseitigen kleinen Freistich an der Ferse der Freifläche, so dass die Querschneide bis auf einen Punkt weggeschliffen wird. Es ist darauf zu achten, dass dabei die Schneidlippe nicht beeinträchtigt wird und die Spitze zentrisch bleibt.

Spiralbohrer mit Kreuzschliff haben keine Querschneide und lassen sich deshalb präziser ansetzen.

Durch einen kleinen beidseitigen Einstich an der Rückseite der Freifläche (Ferse) kann man ebenfalls die Querschneide beseitigen und eine scharfe Spitze herstellen.

HANDSÄGEN

Die ersten Sägeblätter aus Metall wurden vor etwa viereinhalbtausend Jahren im ägyptischen Pharaonenreich geschmiedet und gefeilt. Genauso wie die nahezu zeitgleich entstandenen chinesischen Jadesägen wurden sie aus Kupfer gefertigt. Sie schnitten, dem Gebot des weichen Werkzeugwerkstoffs gehorchend, auf Zug.

Mit dem Eisen-Zeitalter wurden die Sägeblätter stabiler, und die Zugtechnik geriet in Europa jahrhundertelang in Vergessenheit – bis vor etwa drei Jahrzehnten die ersten japanischen Sägen im Westen auftauchten. Die Verblüffung unter den Holzwerkern war groß, nicht so sehr aufgrund der ungewohnten Arbeitsweise, sondern wegen der außerordentlich leichtgängigen und präzisen Funktion der in ihrer Heimat *noko giri* genannten Werkzeuge. Technisch erklärt sich das durch ihre extrem dünnen Blätter und die äußerst raffinierte Verzahnungsgeometrie. Seitdem war der Siegeszug japanischer Handsägen in Europa nicht mehr aufzuhalten. Wer heute (noch) mit der Hand sägt, sägt (meist) japanisch.

Diese Revolution hat auch die Bedeutung des Sägen-Schärfens relativiert. Denn japanische Sägen sind, selbst für erfahrene Handwerker, in der Regel nicht schärfbar. Das beruht zum einen auf der komplizierten Verzahnung – die Herstellung erfordert in Japan bis zu 20 Arbeitsgänge auf Schleifmaschinen, die mit Diamantscheiben bestückt sind. Zum anderen sind die Zahnungen meist entlang der Schneidkanten und an den Spitzen oberflächengehärtet. Das ermöglicht eine sehr lange Schnitthaltigkeit, macht jedoch nach dem Abstumpfen ein Auswechseln des Blatts erforderlich.

Nicht zuletzt aus diesem Grund bleibt so mancher, der Nachhaltigkeit verpflichtete Holzwerker seinem alten Fuchsschwanz oder der Gestellsäge treu. Hier gehört das Schärfen mit zum Ritual, bei dem man mehr und mehr mit dem Werkzeug vertraut wird. Außerdem bietet es die Möglichkeit, auf die Eigenschaften der Säge in Abhängigkeit von der Arbeitsweise und dem Holz Einfluss zu nehmen. Wir widmen uns daher dem Schärfen westlicher Sägen in Theorie und Praxis, während wir uns bei Japansägen im wesentlichen auf die Erläuterung der Verzahnungsgeometrie beschränken.

9.1 Westliche Sägen

Wenn die Schnittleistung Ihrer Säge deutlich nachlässt, die Zahnspitzen silbrig glänzen, der Schnitt grob wird oder verläuft, dann sind das klare Indikatoren für notwendiges Schärfen. Auch neue Handsägen aus europäischer Produktion, wie der abgebildete Fuchsschwanz, müssen vor Gebrauch geschärft werden.

Doch bevor Sie sich mit der Feile an die Arbeit machen, prüfen Sie zuerst, ob das Blatt überhaupt schärfbar ist. Haben die Zähne schwarzblaue Spitzen, dann handelt es sich um eine impulsgehärtete Bezahnung, die aufgrund der hohen Härte mit konventionellen Feilen nicht bearbeitet werden kann. Da die Zähne nur oberflächlich gehärtet sind, macht auch ein Abtrag mit Diamantfeilen keinen Sinn.

Beim Schärfen von Sägen unterscheiden wir drei Arbeitsschritte: Abrichten, Feilen und Schränken der Zähne.

Abrichten

Bei stark verschlissenen oder unsachgemäß geschärften Sägen befinden sich die Zahnspitzen nicht mehr auf einer Höhe, so dass sie ungleichen Eingriff haben. Die erste Maßnahme, vor dem Schärfen der einzelnen Zähne, ist also die Herstellung eines einheitlichen Zahnspitzen-Niveaus. Dieser Arbeitsschritt ist wohlgemerkt nicht bei jedem Schärfprozess erforderlich, sondern nur dann, wenn Korrekturbedarf besteht.

(1) Fuchsschwanz, deutsch (2) Feinsäge, kanadisch (3) Gestellsäge, deutsch

Zum Abrichten, ebenso wie zum Schärfen und Schränken, spannen wir das Blatt mit kurzem Überstand in eine geeignete Feilkluppe ein. Kluppen aus Metall kann man im Handel kaufen. Günstiger und meist auch zweckmäßiger ist es aber, eine aus Holz selbst zu bauen. Das hier verwendete Modell, das man in die Hobelbankzange einspannt, wird genauer im Kapitel „Ziehklingen" vorgestellt.

Mit einer feinen 200-mm-Einhieb-Flachfeile, auch Schlichtfeile genannt, die genau im rechten Winkel zum Blatt geführt wird, befeilen wir nun die Zahnspitzen, bis alle Zähne auf einer Linie liegen. Gut geeignet ist für diesen Zweck auch ein feinkörniger Diamant-Schärfblock mit durchgehender (nicht perforierter) Diamantbeschichtung. Die Abplattungen an den Spitzen sind bei guter Beleuchtung durch ihre metallische Reflexion deutlich erkennbar. Da die Blätter herkömmlicher Sägen nicht sehr hart sind (etwa 52-55 HRC), genügen in der Regel wenige Striche bei geringem Anpressdruck.

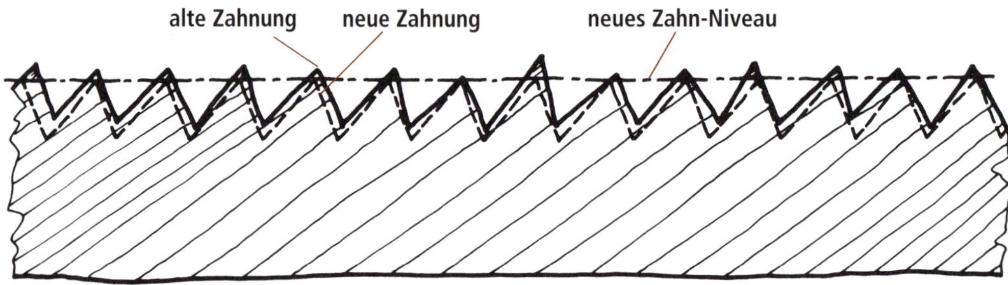

Wenn die Sägezähne verschieden hoch sind, muss zuerst ein einheitliches Niveau hergestellt werden, bevor sie mit der Dreikantfeile neu geformt werden.

Mit exakt rechtwinklig geführter Flachfeile werden die Spitzen nivelliert.

TIPP

Führungshilfe: Für das Einhalten des rechten Winkels, aber auch um die Hände zu schützen, kann man sich aus einem kleinen Kantholz eine Führungshilfe bauen. Sägen Sie dazu im rechten Winkel eine Nut in der Breite der verwendeten Feile ein. Eine käufliche Abrichtlehre aus Aluminium gibt es vom Anbieter Veritas.

Schärfen

Ob Fuchsschwanz, Feinsäge, Spannsäge oder Rückensäge – die Verzahnungsgeometrie westlicher Sägen lässt sich im wesentlichen auf zwei Grundtypen zurückführen, der Längsschnitt- und der Querschnittzahnung. Beide können mit der gleichen 60°-Dreikantfeile geschärft werden. Verwenden Sie dazu spezielle Sägen-Dreikantfeilen mit Einhieb. Sie hinterlassen eine glatte Oberfläche, und ihre leicht gerundeten Ecken erzeugen am Zahnfuß einen Radius, der die Kerbwirkung und damit die Bruchgefahr verringert.

Der Querschnitt der Feile soll etwas größer als die Zahnlücke sein. Manche Fachleute empfehlen, so große Feilen zu wählen, dass ihr Querschnitt nur zur Hälfte die Zahnlücke ausfüllt (Quellenverzeichnis Nr. 4). So könnte man nach Abstumpfen einer Kante noch die beiden anderen Kanten zum Schärfen verwenden. So große Feilen sind jedoch meist zu grob, zudem schränken Sie das Blickfeld ein.

Längsschnittzahnung

Handsägen für Schnitte längs zur Faser waren früher weit verbreitet. So dienten beispielsweise Klobsägen zum Aufschneiden ganzer Baumstämme in Balken und Bretter. Heute ist die Längsschnittsäge weniger gebräuchlich, verwendet wird sie beispielsweise noch bei Schlitz- und Zapfenverbindungen.

Beim Längsschnitt werden die Fasern nicht scharf durchtrennt, sondern ähnlich wie beim Hobeln in Spanlocken abgetragen. Die Längsschnittzahnung ist daher eine Dreieckszahnung mit nur einer Fase und einer geraden Schneide, die senkrecht zum Blatt steht. Wegen dieser einfachen Geometrie ist sie am leichtesten zu schärfen. Die Zähne schließen einen Winkel von 60° ein. Die Vorderseite der Zähne, die Zahnbrust, steht in der Regel senkrecht zur Blattlängsachse. Für einen weniger aggressiven Schnitt, vor allem auch bei harten Hölzern, kann auch ein leicht negativer Anstellwinkel bis zu 8° gewählt werden.

Um keine einseitige Gratbildung zu bekommen, ist es empfehlenswert, von beiden Seiten zu schärfen, also in zwei Durchgängen. Spannen Sie die Säge so

GEOMETRIE DER LÄNGSSCHNITTZAHNUNG

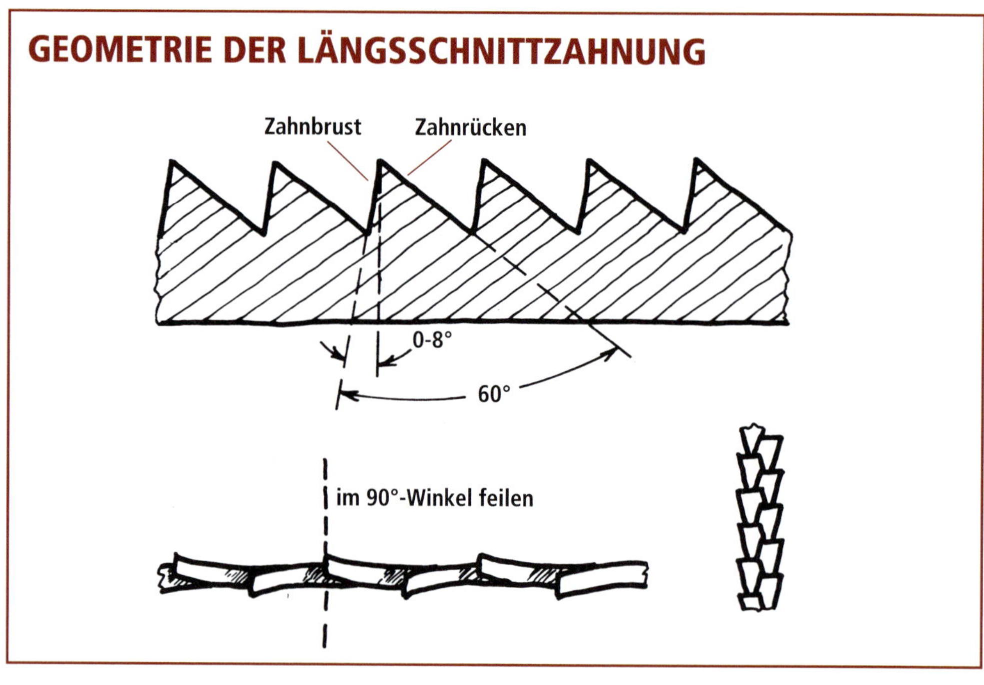

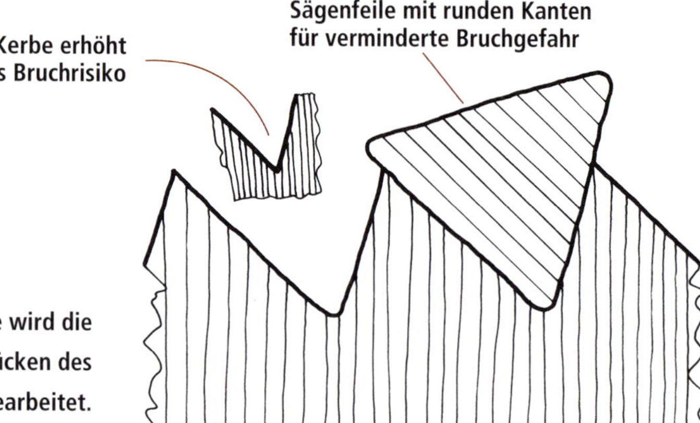

Mit der Dreikant-Sägefeile wird die Brust des einen und der Rücken des nächsten Zahns gleichzeitig bearbeitet. Am Zahnfuß entsteht eine Abrundung.

in der Kluppe ein, dass der Griff rechts liegt, das Blatt genau horizontal ausgerichtet ist und die Zähne nur knapp überstehen.

Um den Überblick zu bewahren, sollte man eine gewisse Arbeitsroutine einhalten. So ist es sinnvoll, immer mit dem hinteren Ende des Blatts (in Griffnähe) zu beginnen, wo die Zähne am wenigsten beansprucht werden und noch am besten erhalten sind. Aufgrund der Verzahnungsgeometrie, die auf gleichseitigen Dreiecken beruht, wird die Brust des einen und der Rücken des nächsten Zahns zugleich bearbeitet.

Setzen Sie die Feile links neben den ersten Zahn, der zu Ihnen hin geschränkt ist, in die Lücke und überprüfen Sie die Passung. Halten Sie die Dreieckfeile genau waagerecht und im rechten Winkel zum Blatt. Machen Sie unter Beibehaltung dieser Position geradlinige, gleichmäßige Feilstriche, bis etwa die Hälfte der jeweiligen geschwärzten Abplattung an der Zahnspitze abgetragen ist (die zweite Hälfte wird beim Feilen der Gegenseite abgetragen).

Heben Sie beim Zurückziehen die Feile leicht an. Einige wenige Feilstriche sollten genügen. Falls das Blatt beim Feilen rattert, ragt die Zahnung möglicherweise zu weit über die Spannbacken hinaus. Das Feilen wird auch ruhiger, wenn man die Feile am Griff leicht nach unten kippt, also zur Spitze hin feilt (die Zahngeometrie ändert sich dadurch nur unwesentlich).

Setzen Sie nun die Feile links neben dem folgenden Zahn, der zu Ihnen hin zeigt, ein (dabei bleibt eine Lücke frei) und fahren Sie in gleicher Weise fort, bis jeder zweite Zahn bearbeitet wurde.

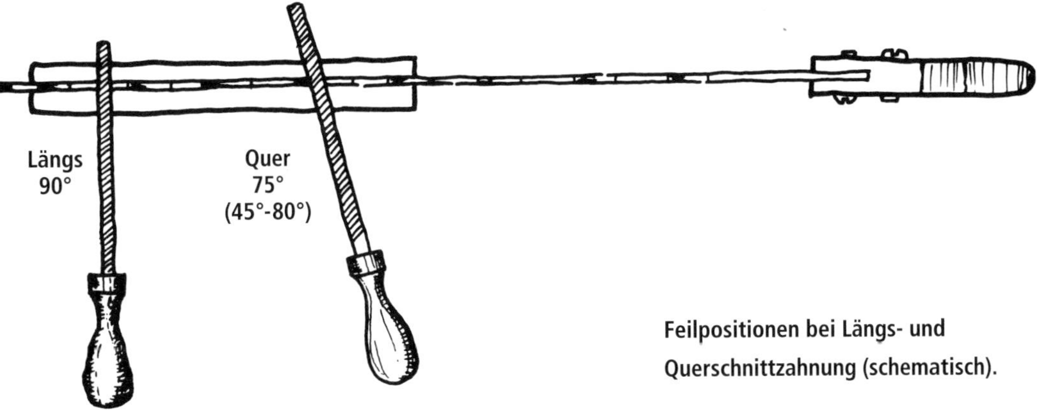

Feilpositionen bei Längs- und Querschnittzahnung (schematisch).

Drehen Sie nun das Blatt um 180° (der Griff liegt nun links) und befeilen Sie die Gegenseite entsprechend. Sie beginnen wieder in Griffnähe und setzen die Feile rechts neben dem ersten Zahn ein, der zu Ihnen hin zeigt (das ist die erste Lücke, die beim vorherigen Durchgang frei geblieben ist). Feilen Sie in gleicher Weise jeden zweiten Zahn, bis die Markierungen an den Spitzen ganz abgetragen sind. Obwohl das in der Theorie kompliziert klingt, wird der Ablauf schnell zur Gewohnheit. Der ganze Vorgang dauert nur wenige Minuten.

Sehr wichtig bei dieser Arbeit ist das richtige Licht. Am besten ist indirektes, natürliches Licht, zum Beispiel ein nach Norden gerichteter Fensterplatz. Wenn man in der richtigen Höhe sitzt, kann man die Abplattungen an den Zahnspitzen als helle Lichtpunkte deutlich erkennen.

Querschnittzahnung

Die meisten Handsägen für Holz sind heute für Schnitte quer oder diagonal zur Faser ausgelegt. Den Faserwerkstoff Holz kann man sich anschaulich wie

Glänzende Spitzen weisen auf noch stumpfe Zähne hin.

ein dichtes Bündel von Strohhalmen vorstellen. Wenn man es quer durchtrennen will, braucht man ein Werkzeug, das die einzelnen Halme durchschneidet, ähnlich wie mit einem Messer.

Genau aus diesem Grund sind die Zähne von Querschnittsägen an der Brust messerähnlich angeschliffen. Die Fase, der sogenannte Zahnbrustwinkel, beträgt in der Regel 75°. Die Neigung der Zahnbrust gegenüber der Lotrechten, der Anstellwinkel, beträgt 15°. Die Einhaltung dieser beiden Winkel beim Feilen ist der Schlüssel zum Erfolg.

TIPP

Spielraum: Der Richtwert von 75° für den Zahnbrustwinkel kann von 45° bis zu 80° variiert werden. Große Winkel liefern Zahnungen, die eher für Längsschnitte geeignet sind. Kleinere Werte sorgen für einen aggressiveren Schnitt im Querholz, müssen aber oft geschärft werden.

GEOMETRIE DER QUERSCHNITTZAHNUNG

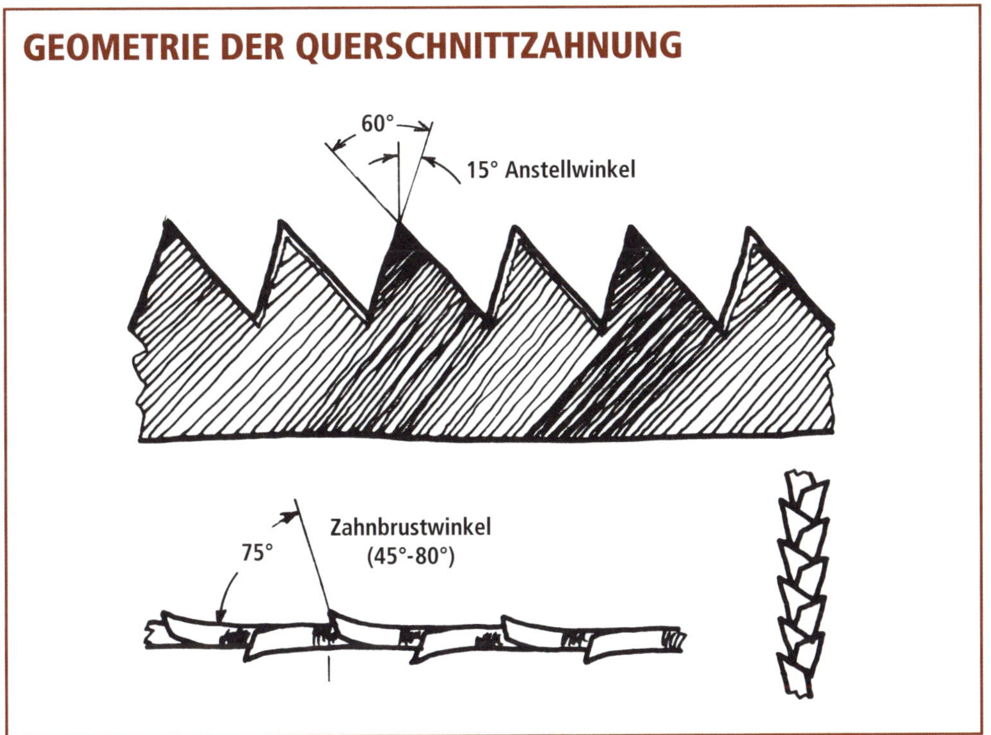

ZAHNTEILUNG

Die Zahnteilung gibt an, wie dicht die Zähne stehen. Sie wird traditionell in „tpi" (teeth per inch = Zähne pro 25,4 mm) angegeben. Feine Zahnteilungen wählt man für präzise, saubere Schnitte und kleinere Querschnitte. Eine grobe Zahnteilung bringt eine höhere Schnittleistung. Sie wird bevorzugt bei größeren Querschnitten eingesetzt.

Man geht im Prinzip genauso vor wie eben beschrieben. Man spannt das Blatt mit knappem Überstand waagerecht ein, der Griff liegt rechts. Die Dreikantfeile wird links neben dem ersten zu Ihnen hin zeigenden Zahn waagerecht eingesetzt.

Nun schwenkt man die Feile um 15° nach rechts und macht unter Beibehaltung dieser Position gleichmäßige Striche, bis die Markierung an der Zahnspitze halb weggeschliffen ist. Man überspringt die nächste Lücke und bearbeitet den nächsten Zahn, der zu Ihnen hin zeigt, und so weiter. Schließlich wendet man das Blatt und bearbeitet die Gegenseite analog, bis die Abplattungen an allen Zahnspitzen beseitigt sind und einwandfreie Schneidkanten vorliegen.

Halten Sie nun das Blatt gegen das Licht und prüfen Sie das Ergebnis: Alle Zahnlücken sollen gleich tief, die Zahnteilung über die Blattlänge einheitlich sein. Wenn das nicht der Fall ist, nehmen Sie in einem zweiten Durchgang die erforderlichen Korrekturen vor.

Entgraten

Das Feilen hinterlässt an den Zahnflanken einen Grat. Bei groben Arbeiten ist dieser nicht störend, für präzise Schnitte jedoch unakzeptabel. Um den Grat zu beseitigen, gehen Sie mit einem feinkörnigen Abziehstein mit geringem Druck ein bis zwei Mal von beiden Seiten über die Verzahnung, während das Blatt flach auf der Werkbank aufliegt. Dabei werden auch die punktförmigen Spitzen der Querschnittzähne messerförmig ausgeschliffen, was sich vorteilhaft auf die Schnittgüte auswirkt.

Schränken

Um das Klemmen in der Schnittfuge zu vermeiden, sind – bis auf wenige Ausnahmen (Furniersäge, Dübelsäge) – nahezu alle Sägen geschränkt. Darunter

TIPP

Hilfsmittel: Beim Feilen von Verzahnungen in einer oder sogar zwei Ebenen konstant den gleichen Winkel einzuhalten, ist keine leichte Aufgabe. Zum Erlernen dieser Fertigkeit kann es hilfreich sein, sich ein oder zwei einfache Peilhölzer anzufertigen.

Für den Anstellwinkel verwenden Sie ein kleines quadratisches Stück Holz (etwa 4 x 4 x 2 cm), in das Sie mittig ein Loch bohren, das die Spitze der Dreikantfeile straff sitzend aufnimmt. Spannen Sie das Sägeblatt waagerecht ein, setzen Sie die Feile im richtigen Winkel in eine Zahnlücke und richten Sie das Peilholz auf der Feile so aus, dass es waagerecht liegt. Wer es ganz genau nimmt, verwendet dazu eine Wasserwaage. Wenn Sie nun diese waagerechte Position während des Schärfens beibehalten, dann feilen Sie im richtigen Anstellwinkel.

Für den Zahnbrustwinkel sägen Sie in ein kleines Brettchen (etwa 2 x 4 x 9 cm) nicht ganz bis zur halben Stärke einen Schlitz im Sollwinkel. Auf der gegenüberliegenden Seite wird spiegelbildlich dazu ein zweiter Schlitz (für die zweite Zahnreihe) gesägt. Wenn Sie nun das Holz auf das Sägeblatt stecken und die Feile parallel zur Brettkante führen, so feilen Sie im korrekten Zahnbrustwinkel. Das Peilholz kann man nach Bedarf verschieben und für die zweite Zahnreihe wenden.

Das Einhalten der Winkel fällt leichter, wenn man beim Feilen „Peilhölzer" verwendet. Das auf das Blatt aufgesteckte Holz (a) gibt den Zahnbrustwinkel vor, die Feile wird dazu parallel geführt. Das auf die Feilenspitze aufgesteckte Holz (b) gibt den Anstellwinkel vor, es wird waagerecht geführt.

versteht man, dass die Zähne abwechselnd geringfügig zur Seite auskragen und damit eine breitere Schnittfuge erzeugen, als das Blatt dick ist. Die Schränkung (auch „Schrank“ genannt) muss umso stärker sein, je höher der Feuchtigkeitsgehalt des Holzes und je weicher das Holz ist. Zudem ist bei Längsschnitten in der Regel ein höherer Schrank notwendig als bei Schnitten quer zur Faser.

Oft sind westliche Sägen im Lieferzustand zu stark geschränkt, was hinsichtlich der Schnittgüte von Nachteil ist und zu unnötigem Kraftaufwand führt. Ein Richtwert ist etwa die halbe Blattdicke für den Schrank pro Seite, wodurch die Schnittfuge die doppelte Blattstärke bekommt. Wenn man jedoch überwiegend trockenes Hartholz verarbeitet, kommt man bei einer Querschnittsäge mit einem Viertel der Blattdicke für den Schrank aus.

Wann wird geschränkt? Es wird allgemein empfohlen, noch vor dem Schärfen (also nach dem Abrichten) zu schränken – mit der Begründung, dass durch das Schränken die Zahnung in Mitleidenschaft gezogen werden könnte. Das hat jedoch den Nachteil, dass bei unterschiedlichen Zahnhöhen auch der Schrank unterschiedlich ausfällt.

Eine gute Schränkzange und vorsichtiges Arbeiten vorausgesetzt, ist das Schränken als letzter Arbeitsgang naheliegender. So wird es übrigens auch bei den hoch präzisen japanischen Sägen praktiziert. Prüfen Sie nach dem Schärfen durch einen Probeschnitt, ob überhaupt ein Schränken erforderlich ist. Wenn beim Feilen nur sehr wenig Material abgetragen wurde und die Säge nach dem Schärfen „reibungslos“ funktioniert, kann man auf das Schränken verzichten.

Zum Schränken verwenden Sie am besten eine hochwertige Schränkzange aus Metall, etwa der Marke Somax. Sie verfügt über eine Skala, an der man die Schrankbreite in Abhängigkeit von der Zahnteilung einstellen kann. Dabei handelt es sich nur um Anhaltswerte, da die bleibende Auslenkung vom Stahl und der Härte abhängt. Achten Sie vor Beginn des Schränkens darauf, dass die Zahnflanken sauber entgratet sind.

Der Ablauf ist relativ einfach: Spannen Sie das Blatt so in die Feilkluppe, dass es genau waagerecht liegt. Setzen Sie die Schränkzange auf, ein Anschlag gibt den korrekten Abstand vor. Platzieren Sie den zu schränkenden Zahn mittig unter dem keilförmigen Stößel der Schränkzange, die Spitze am Anschlag anliegend. Durch Betätigung des Griffs drückt ein Stempel das Blatt gegen den Amboss, um es zu fixieren und der keilförmige Stößel gegen die Zahnspitze, die entsprechend der Tiefenanschlag-Einstellung zur Seite gebogen wird.

Üben Sie nicht zu starken Druck aus, der Zahn soll durch den Stößel nicht deformiert werden. Nach Lösen des Drucks wird der Zahn leicht zurückfedern, abhängig von der Stahlart und Härte. Nicht zuletzt aus diesem Grund muss die Einstellung, am besten beginnend bei den griffnahen Zähnen, die wenig im Einsatz sind, empirisch ermittelt werden.

Schränken Sie ein paar Zähne auf beiden Seiten und vermessen Sie das Ergebnis mit der Schieblehre. Wenn die richtige Einstellung feststeht, schränken Sie auf beiden Seiten jeweils jeden zweiten Zahn. Führen Sie die Zange exakt waagerecht und üben Sie immer den gleichen Druck aus. Überprüfen Sie schließlich die Gleichmäßigkeit der Schränkung durch Peilen entlang der Zahnflanken sowie durch einen Probeschnitt.

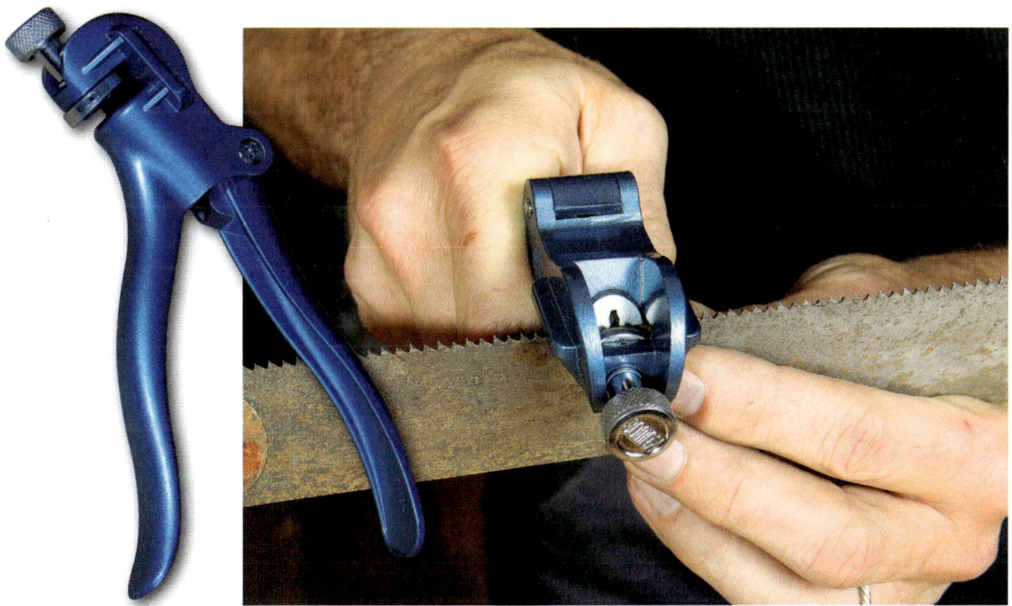

Mit der Schränkzange (links) schränkt man von beiden Seiten jeden zweiten Zahn, wobei die Zange waagerecht und im rechten Winkel zum Blatt geführt wird.

Schnitt-Test

Für den Probeschnitt machen Sie sich auf einem Brett einen Riss quer beziehungsweise längs zur Faser. Benutzen Sie für das Ansetzen an der Risslinie die Daumenkuppe als Anschlag und bringen Sie das Blatt, den Arm und das peilende Auge auf eine Linie. Halten Sie das Blatt im rechten Winkel zur Werkstückoberfläche.

Machen Sie beim Anschnitt zuerst paar ziehende Bewegungen, wobei die Säge mit der Zahnspitzenlinie in einem flachen Winkel (etwa 15°) zum Werkstück geführt wird. Erst anschließend wird die Säge geschoben und steiler (etwa 45°) angestellt. Sägen Sie mit gleichmäßigen Schubbewegungen und geringem Anpressdruck. Nur eine nicht gezwungene Säge folgt Ihrem Willen!

Falls die Säge trotz korrekter Technik zu einer Seite verläuft, ist sie auf dieser Seite zu stark geschränkt. Korrekturen kann man vornehmen, indem man mit einem Abziehstein oder einem feinen Diamantstein vom Rücken zur Zahnung hin leicht über die jeweiligen Zahnflanken geht und damit den Schrank auf dieser Seite zurücknimmt. Machen Sie jeweils nur ein bis zwei leichte Züge mit dem Stein und prüfen Sie das Ergebnis erneut durch einen Probeschnitt.

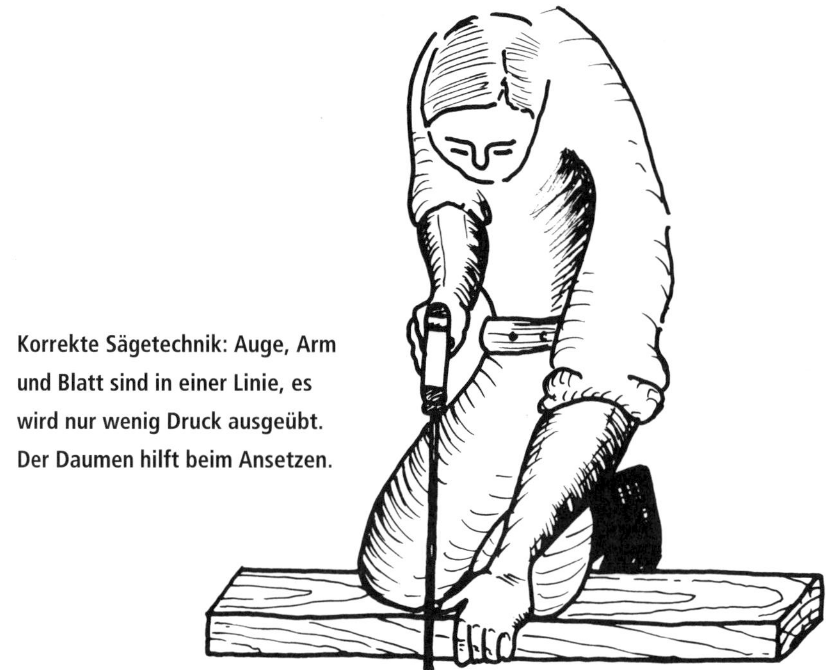

Korrekte Sägetechnik: Auge, Arm und Blatt sind in einer Linie, es wird nur wenig Druck ausgeübt. Der Daumen hilft beim Ansetzen.

9.2 Japansägen

Japansägen unterscheiden sich nicht nur durch den ziehenden Schnitt und die dünneren Blätter von ihren westlichen Pendants, sondern vor allem durch ihre wesentlich aufwändigere Verzahnungsgeometrie. Grundsätzlich wird auch hier zwischen Zahnungen für Längsschnitte und solchen für Schnitte quer zur Faser unterschieden. Während die Längsschnittzahnung eine gewisse Ähnlichkeit zur konventionellen Dreieckszahnung aufweist, zeigen die Zähne der für Querschnitte ausgelegten Trapezverzahnung eher eine formale Verwandtschaft mit der Spitze des japanischen Schwerts.

Neben der diffizilen Zahngeometrie und der (vor allem bei Sägen vom Typ *dozuki*) sehr feinen Zahnteilung ist der hohe Härtegrad der Zähne und Blätter eine weitere Hürde für das Nachschärfen. Mit Ausnahme der wenig verbreiteten handgemachten Typen sind die Zahnungen nahezu aller Japansägen spitzengehärtet. Dabei werden per Induktion oder Laser die Zahnspitzen kurz erhitzt und dann im Luftstrahl abgeschreckt, wobei oberflächennah sehr hohe Härtewerte (über 70 HRC) und entsprechend lange Standzeiten erzielt werden.

Ein späteres Schärfen, das ohnehin nur mit Diamantfeilen möglich wäre, würde zu einem Abtrag der gehärteten Schicht und damit zu einer Beeinträchtigung der Standzeit führen. Sägen mit impulsgehärteten Zähnen erkennt man in der Regel an der dunklen Anlauffarbe der Zahnspitzen. Manchmal ist die

(1) ***Dozuki*** **(Feinschnitt-Rückensäge)**
(2) ***Ryoba*** **(doppelseitig verzahnte Säge)**
(3) ***Kataba*** **Querschnittsäge**
(4) ***Kataba*** **Längsschnittsäge**

Dunkle Zahnspitzen bedeuten keinen Qualitätsmangel, sondern sind ein Merkmal impulsgehärteter Verzahnungen.

Verfärbung jedoch durch Beschichtung oder Politur nicht mehr sichtbar. Solche Blätter werden nach Verschleiß ausgewechselt. Daneben gibt es noch traditionelle Sägen mit durchgehärteten Blättern, die prinzipiell nachschärfbar sind.

Eine besondere Herausforderung beim Schärfen japanischer Sägen ist das Schränken. Durch die extrem dünnen Blätter (teilweise nur 0,15 mm) sind auch die Zahnungen nur sehr schwach geschränkt. Abweichungen von wenigen hundertstel Millimetern können schon zum Klemmen oder Verlaufen der Säge führen. Dasselbe gilt für die Planheitstoleranz des Blatts. Bereits geringste Verzüge oder Stauchungen machen in der Regel die Säge für Präzisionsarbeiten unbrauchbar. Dagegen macht sich der Verlust einzelner Zahnspitzen oder sogar ganzer Zähne durch die enge Zahnteilung oft weniger gravierend bemerkbar.

Japanische Längsschnittzahnung

Die japanische Längsschnittzahnung ist der westlicher Sägen vergleichbar, allerdings mit dem Unterschied, dass Zahnteilung und Zahngröße vom Fuß zur Spitze des Blatts hin zunehmen. Diese sogenannte „Differenzialverzahnung" hat den Vorteil, dass man zum Ansetzen die griffseitigen, feineren Zähne benutzen kann und anschließend für eine gute Schnittleistung die gröberen Zähne mit zum Einsatz bringt. Während des Schnitts wirkt auf das Blatt eine progressive Zugkraft, die es stabilisiert und für einen ruhigeren Lauf sorgt.

Die Zahnungen sind meist für weiches bis mittelhartes Holz ausgelegt, mit einem positiven Anstellwinkel von 7° bis 15°. Bei überwiegender Verwendung für Hartholz kann man einen neutralen bis leicht negativen Anstellwinkel (0° bis -10°) vorsehen, wodurch der Eingriff weniger aggressiv wird. Zudem ist der Winkel zwischen Zahnbrust und Zahnrücken bei Hartholz etwas stumpfer (etwa 50°) als bei Weichholzzähnen (etwa 40°).

Spannen Sie das Blatt mit knappem Überstand in eine Feilkluppe. Zum Schärfen benötigt man sehr schlanke Feilen mit rautenförmigem Querschnitt (*hatsuke yusuri*), die als Einhiebfeilen oder mit Diamantbeschichtung angeboten werden (siehe Kapitel „Schärfmittel"). Feilen Sie jeden zweiten Zahn nur an der Zahnbrust, beginnend beim ersten Zahn, der von Ihnen weg geschränkt ist. Drehen Sie das Blatt um und feilen Sie die restlichen Zähne.

Zum Schränken kann man eine herkömmliche Schränkzange benutzen, der Ablauf entspricht dem westlicher Sägen. In Japan wird allerdings mit einem Schränkeisen (*mefuri*) oder einem speziellen Hammer (*asari tsuchi*) geschränkt, was mehr Übung bedarf. Machen Sie einen Probeschnitt und korrigieren Sie gegebenenfalls durch Abziehen der Zahnflanken mit einem feinen Stein.

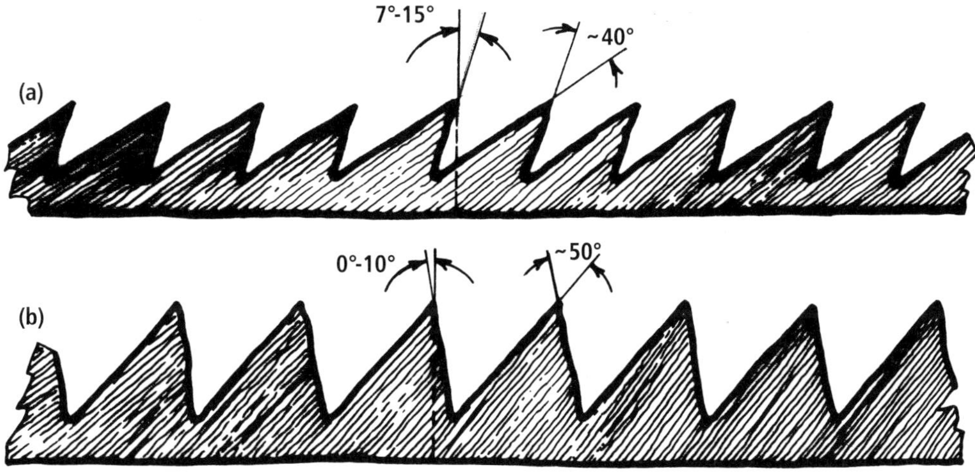

Geometrie der japanischen Längsschnittzahnung:
(a) für Weichholz (b) für Hartholz

Die Längsschnittzahnung wird nur an der Zahnbrust geschärft.

Japanische Querschnittzahnung

Die Geometrie der japanischen Querschnittzahnung unterscheidet sich grundlegend von der westlicher Sägen. Jeder Zahn hat drei Schneiden: Die Zahnbrust wird von der Hauptschneide (*shita ba*) gebildet. Sie steht in der Regel senkrecht zur Längsachse. Die Nebenschneide (*uwa me*) steht in einem Winkel von 30° zur Hauptschneide. Die Rückenschneide (*uwa ba*) nimmt einen Winkel von 15° bis 25° (abhängig von der Holzart) zur Hauptschneide ein.

Jede dieser Schneiden ist in einem bestimmten Fasenwinkel (*kiri ba*, 30° bis 45°, abhängig von der Holzart) geschliffen. Nebenschneide und Rückenschneide unterstützen beim Zurückschieben zusätzlich die Funktion der Säge.

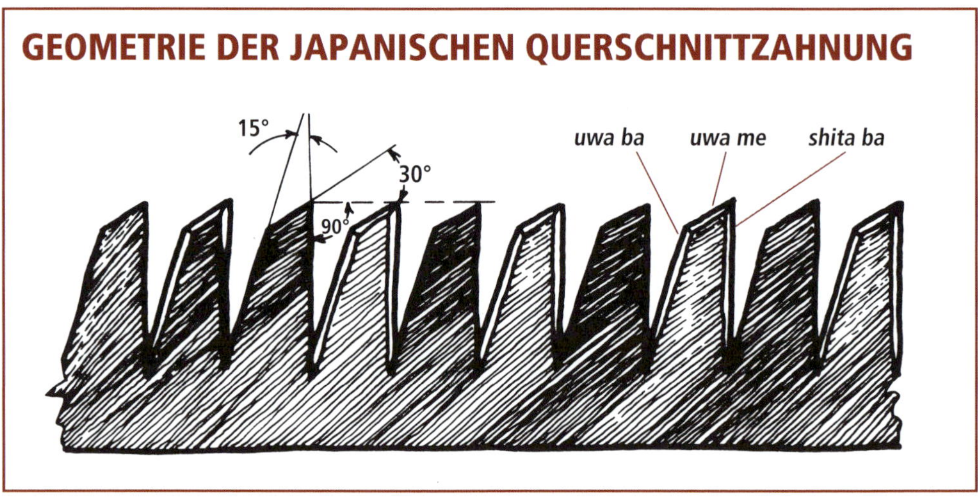

TIPPS ZUM SCHÄRFEN DER QUERSCHNITTZAHNUNG

- Feilen Sie in dieser Reihenfolge: Haupt-, Neben-, Rückenschneide.
- Präparieren Sie sich eine Feile speziell für die Nebenschneide (*uwa me*): Runden Sie dazu eine Kante der Feile am Schärfstein etwas ab, um die dahinter liegende Hauptschneide des nächsten Zahns nicht zu beschädigen.
- Vermeiden Sie ein Verkanten der Feile, da das leicht zu einem Bruch der schlanken und empfindlichen Zähne führen kann.
- Erhöhtes Bruchrisiko besteht auch beim Schränken der Zahnung. Verwenden Sie eine Schränkzange, deren Stempel fein genug ist, um zuverlässig jeweils nur einen Zahn zu treffen.
- Verwenden Sie eine Aufsetzlupe.

Schärfen der Hauptschneide einer (groben) Querschnittzahnung.

Achten Sie beim Schärfen der Nebenschneide darauf, dass die nächstliegende Hauptschneide nicht beschädigt wird.

Auch der Rücken des Zahns muss geschärft werden.

Alle drei Schneiden müssen beim Nachschärfen einzeln gefeilt werden. Man hat also pro Blatt sechs Durchgänge (drei auf jeder Seite), bei denen man die angegebenen Winkelverhältnisse genau einhalten muss. In Anbetracht der meist auch sehr feinen Zahnteilung ist das selbst für ambitionierte Holzwerker keine leichte Übung.

Japanische Diagonalverzahnungen

Für Schnitte diagonal zur Faser dienen die Verzahnungen *ibara me* (für Weichholz) sowie *nezumi ba* (für Hartholz). Sie sind mit einer Dreiecksverzahnung vergleichbar, jedoch haben Zahnbrust- und Rücken jeweils eine Fase, so dass die Fasern durchtrennt werden. Relativ große Zahnzwischenräume nehmen die Späne auf. Japansägen dieser Art erfreuen sich als „Universal-

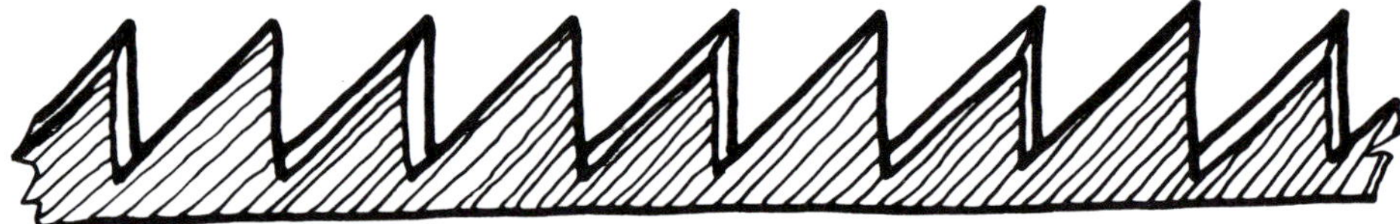

Diagonalverzahnung für Weichholz (*ibara me*).

Diagonalverzahnung für Hartholz (*nezumi ba*).

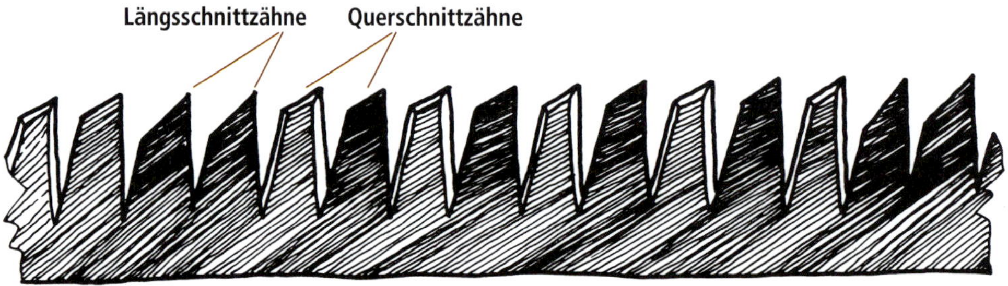

Mischverzahnung (*ikeda me*).

sägen" großer Beliebtheit. Sie eignen sich insbesondere auch zur Herstellung von Schwalbenschwanz-Verbindungen.

Eine ähnliche Wirkung hat die Verzahnung *ikeda me*. Es handelt sich dabei um eine Kombination aus geschränkten Querschnittzähnen und ungeschränkten Längsschnittzähnen, die als sogenannte „Räumzähne" für eine gute Spanabfuhr sorgen. Ihre Spitzen liegen etwas tiefer, um einen sauberen Schnitt zu ermöglichen. *Ikeda-me*-Sägen werden auch für grünes oder halbtrockenes Holz, etwa bei Astsägen, eingesetzt.

DER JAPANISCHE SÄGENDOKTOR (*METATE SHOKUNIN*)

Auch japanische Holzhandwerker benutzen heute überwiegend impulsgehärtete Sägen mit auswechselbaren Blättern. Wer dagegen noch die klassischen, handgemachten *noko giri* bevorzugt, versucht sich nicht selbst am Schärfen, sondern gibt sie bei Bedarf zum „Sägendoktor". Diese heute nahezu ausgestorbene Spezies befasst sich nicht nur mit dem Nachschärfen, sondern auch mit dem Reparieren von verbogenen oder sogar gebrochenen Blättern. Handarbeit ist dabei Trumpf: Vom Feilen und Schränken der Zahnungen bis hin zum Ausrichten auf dem Amboss, ist die gefühlvolle Hand des langjährig erfahrenen Meisters durch nichts zu ersetzen.

Einer der letzten seines Standes: Der *metate shokunin* beim Begradigen eines *ryoba*-Blatts mit dem Richthammer.

SCHÄRFMITTEL

10.1 Schärfsteine

Zum Schärfen von Handwerkzeugen gibt es zahllose Mittel und Methoden: Synthetische und natürliche Wasser- und Ölsteine, Diamant-„Steine“, Schleifpapier und Schleifleinen, Filz-, Schwabbel-, Holz- und Lederscheiben, Diamant- und Polierpasten, Bandschleifer, Tellerschleifer, Schleifböcke, wassergekühlte Schärfmaschinen mit und ohne Führungen. Das und vieles mehr wird angepriesen, um stumpfe Schneiden wieder in einen scharfen Zustand zu versetzen, wobei fast jeder Anbieter und Anwender auf seine Methode schwört. Es würde den Rahmen dieses Buchs weit überschreiten, für jedes Werkzeug alle denkbaren Alternativen aufzuzeigen. Wir konzentrieren uns deshalb auf die traditionellen Schärfmittel, mit denen erwiesenermaßen gute Ergebnisse erzielt werden.

Japanische Wasserschärfsteine (*toishi*)

In den letzten Jahrzehnten haben nicht nur japanische Sägen, Stecheisen und Hobel in europäischen Holzwerkstätten Einzug gehalten. Auch die Wasserschärfsteine aus dem Land der aufgehenden Sonne erfreuen sich zunehmender Beliebtheit. Dabei umschreibt der Begriff „Wassersteine“ lediglich das zum Spülen verwendete Medium, nämlich Wasser. Es verhindert, dass der Abrieb die Poren des Steins zusetzt und so seine Wirksamkeit mindert. Zugleich dient es zur Kühlung, was nicht nur den Stahl vor dem Ausglühen, sondern auch die nahe an der Schneide platzierten Finger vor Brandwunden bewahrt. Man unterscheidet natürliche und synthetisch hergestellte Steine.

Synthetische japanische Wassersteine

Ähnlich den natürlichen Schleifsteinen bestehen auch synthetisch hergestellte Schärfsteine aus einem Grundmaterial (Matrix), in dem die schleifwirksamen Partikel eingebettet sind. Die Schleifeigenschaften werden von der Härte und Dichte der Matrix und der Art, Größe, Schärfe und Verteilung der Schleifpartikel bestimmt. Als Schleifmittel dienen keramische Granulate wie Aluminiumoxid (Korund), Chromoxid, Bornitrid oder Siliziumkarbid (Karborund). Ihre Härte liegt zwischen 9 und 9,6 auf der von Friedrich Mohs einge-

DIE VORTEILE DES MANUELLEN SCHÄRFENS AUF WASSERSTEINEN

- Japanische Wassersteine (*toishi*) haben ein relativ offenes Gefüge und damit eine hohe Abtragleistung. Das macht das Schärfen schnell und effizient. Zudem verringert sich durch den aggressiven Schnitt die Gratbildung, da nur wenig Druck aufgebracht werden muss.

- Durch das breite Angebot von Körnungen (60-30.000) wird das gesamte Bearbeitungsspektrum vom Schruppen bis hin zum feinsten Honen lückenlos abgedeckt. So lassen sich, je nach Anspruch, beliebig feine Schneiden erzielen.

- Da die Steine naturgemäß unflexibel sind, erzeugt man – entsprechende Übung vorausgesetzt – geometrisch exakte und reproduzierbare Schneiden (Filz- oder Schwabbelscheiben ebenso wie Schleifpapier erzeugen tendenziell abgerundete Fasenflächen beziehungsweise Mikro-Schneidkantenabrundungen).

- Das manuelle Schärfen ist weitgehend gefahrlos, da es weder Funkenflug noch Hitzeentwicklung gibt. Man kann das Werkzeug nahe an der Schneide führen und sich „mit allen Sinnen" der Aufgabe widmen.

- Im Vergleich zum maschinellen Schärfen ist die manuelle Methode materialschonend und damit nachhaltig. Da sich der Stahl nicht erhitzt, bleibt seine Härte und Schnitthaltigkeit in vollem Umfang erhalten. Auch ist der Abtrag in der Regel geringer, was der Lebensdauer des Werkzeugs zugute kommt.

führten Skala, in der Diamant mit 10 als der härteste natürlich vorkommende Werkstoff definiert ist.

Als Grundmaterialien kommen tonartige oder keramische Werkstoffe zur Verwendung. Je nach Bindemittel, Pressdruck und Temperatur werden daraus Steine definierter Härte und Dichte „gebacken". Im Vergleich zu Natursteinen zeichnen sich synthetische Wassersteine in der Regel durch ein homogeneres Gefüge und eine gleichmäßigere Korngröße aus. So kann es beim Schleifen nicht zur plötzlichen Riefenbildung durch eingelagerte Fremdpartikel kommen.

Synthetische japanische Wassersteine:
(1) Körnung 80, Schruppstein Okumura
(2) Körnung 220, Schruppstein Sun Tiger
(3) Körnung 1.000, Schärfstein, King Stone
(4) Körnung 4.000, Abziehstein, King Stone
(5) Körnung 8.000, Abziehstein, King Gold Stone
(6) Körnung 1.000/6.000, Kombistein King Stone
(7) Multiformsteine

Charakteristisch für die Mehrzahl der japanischen Schleifsteine ist die relativ „weiche“ Bindung, wodurch ständig frische Schleifpartikel während des Schärfens freigelegt werden. Man spricht auch von „offenem Gefüge“. Damit wird ein gleichbleibend hoher Wirkungsgrad gewährleistet. Allerdings ist auch der Verschleiß des Steins stärker als beispielsweise bei harten Arkansas-Ölsteinen. Die Steine müssen deshalb regelmäßig hinsichtlich der Planheit kontrolliert und bei Bedarf abgerichtet werden.

GEFÜGE VON WASSERSTEINEN

offenes Gefüge

geschlossenes Gefüge

Durch das offene Gefüge (links) wird eine bessere Schleifwirkung erzielt.

Je nach Verwendungszweck werden die Steine in extragrober bis ultrafeiner Struktur angeboten, die durch die Angabe der Körnung klassifiziert ist. Die Körnung wird üblicherweise durch die Maschenzahl eines Siebes pro Zoll (= 25,4 mm) Länge definiert, das von den Schleifpartikeln noch passiert wird. So bedeutet beispielsweise Körnung 1.000, dass das Schleifmittel ein Sieb mit 1.000 Maschen pro Zoll gerade noch durchdringt. Da jedoch die Zählmethoden international nicht vereinheitlicht sind, gibt es verschiedene Standards, die sich vor allem bei den feinen Korngrößen deutlich unterscheiden. Wir benutzen, wenn nicht anders vermerkt, den japanischen JIS-Standard.

Körnungen im Vergleich

Körnung Japan (JIS Standard)	Korngröße (Mittelwert in µ)	Körnung Europa (FEPA F Standard) für Schleifsteine	Körnung Europa (FEPA P Standard) für Papier	Körnung USA (ANSI Standard)
100	100	F100	P120	100
180	70	F180	P220	180
240	57			
280	48			
320	40		P240	
360	35		P320	
400	30	F280	P360	
500	25			
600	20	F320	P500	360
700	17	F360	P800	400
800	14			
1.000	11,5	F400		500
1.200	9,5	F500	P1500	600
1.500	8	F600		800
2.000	6,7		P2500	1.000
2.500	5,5			
3.000	4	F1000		1.200
4.000	3	F1200		
6.000	2	F1500		
8.000	1,2	F2000		

Die Steine lassen sich in drei Kategorien unterteilen:

- Körnung 60-800, grobe Steine (*ara toishi*): für den Grundschliff, Umschleifen eines Fasenwinkels und Reparaturen (Herausschleifen von Scharten und Ausbrüchen).
- Körnung 800-2.000, mittlere Steine (*naka toishi*): für das Schärfen.
- Körnung 2.000-30.000, feine Steine (*shiage toishi*): für das Abziehen, Polieren und Honen.

Die sogenannten Kombisteine weisen auf der Vorder- und Rückseite verschiedene Körnungen auf, zum Beispiel 1.000/6.000. Sie sind für den mobilen Einsatz oder gelegentliches Schärfen ausreichend, haben jedoch den Nachteil, dass man jeweils nur eine Fläche zur Verfügung hat. Bei den regulären Blocksteinen kann man dagegen die gegenüberliegenden Seiten für Aufgaben mit unterschiedlicher Beanspruchung verwenden, etwa für gekrümmte und gerade Schneiden.

Wie man an den Schliffbildern deutlich erkennt, prägt die Körnung des Schleifmittels unmittelbar die Rautiefe der damit bearbeiteten Klingenoberfläche sowie die Struktur der Schneidkante.

Keramische Wassersteine

Eine jüngere Entwicklung sind die keramischen Wassersteine, die aufgrund einer höher verdichteten, relativ harten Matrix nur wenig verschleißen. Die

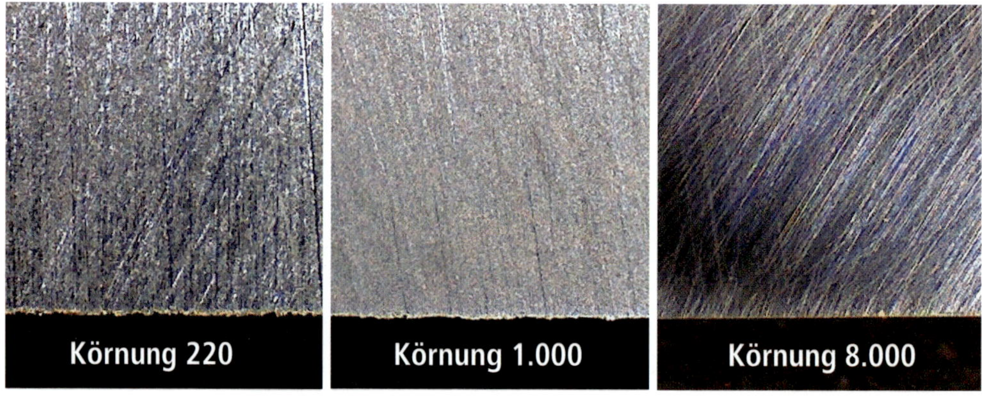

Mit feinerer Körnung werden die Oberflächen und Schneidkanten glatter. Schliffbilder in 30-facher Vergrößerung für drei verschiedene Körnungen. Stecheisen-Klinge aus japanischem Kohlenstoffstahl (Weißer Papierstahl).

vor allem bei professionellen Werkzeugschärfern beliebten Steine der Marke Shapton weisen dennoch eine gute Abtragleistung auf, was auf Verwendung von sehr hochwertigen Schleifpartikeln schließen lässt. Sie verfügen über eine Temperglasplatte als Basis, die für eine gute Grundplanheit sorgt und zugleich den Vorteil hat, dass die innen am Boden aufgedruckte Körnungsangabe dauerhaft ablesbar ist. Shapton-Steine werden bis zur extrem feinen Körnung 30.000 hergestellt.

Japanische Natursteine (*tennen toishi*)

Handgeschmiedete Klingen haben eine Seele. So individuell deren Charakter ist, so spezifisch müsse auch der dazu passende Schleifstein ausgewählt werden, meinen manche Schärfexperten. Sie bevorzugen für die Feinbearbeitung hochwertiger Stemm- und Hobeleisen die aus der Natur gewonnenen Schärfsteine, von denen jeder in seiner Zusammensetzung einzigartig ist.

TIPP

Der Euro-Test: Nicht um die Härte der Währung zu testen, sondern um die Schärfe des Abziehsteins zu prüfen, kann man eine 1-Euro-Münze mit leichtem Druck über den befeuchteten Stein führen. Eine deutliche schwarze Spur zeigt eine gute Griffigkeit des Steins an.

Euro-Test: Ein schwarzer Strich signalisiert gute Schärfe.

Durch ihre Temperglasbasis sind Shapton-Steine besonders formstabil.

Leider sind die meisten Fundstätten heute weitgehend erschöpft, was sich nicht nur auf die verfügbare Qualität, sondern auch auf die Preise auswirkt. Das gilt für japanische ebenso wie für europäische Abziehsteine, etwa den „Belgischen Brocken“. Mineralogisch handelt es sich bei den gröberen Körnungen meist um Sandsteine, bei den feineren um Sedimentgestein mit eingelagerten schleifwirksamen Partikeln, wie beispielsweise Korunden. Die Gleichmäßigkeit hinsichtlich der Größe und Verteilung der Partikel im Gefüge bestimmt die Qualität des Steins.

Die japanischen Natursteinbrüche waren traditionell in der Nähe des in der Provinz Kyoto gelegenen Bergs Atago beheimatet. Hier wurden seit mehr als tausend Jahren die feinsten Abziehsteine (*awase-do*) für die Schwertpolitur und das Messer- und Werkzeugschärfen gebrochen. Steine der höchsten Qualität, die aus der am Berg Shoubu-dani gelegenen Nakayama-Lagerstätte unter Tage gewonnen wurden, genießen bis heute unter dem Namen *hon-yama* einen legendären Ruf.

Ihre Bedeutung mag man daran ermessen, dass vom 12. bis ins 16. Jahrhundert der Handel mit diesen Steinen ein königliches Monopol war. Das ursprüng-

Japanische, natürliche Wassersteine:

(1) *ara*, Körnung etwa 400-800

(2) *binsui*, Körnung etwa 1.000-2.000

(3) *ao*, Körnung etwa 2.000-4.000

(4) – (6) *sho hon-yama, awase-do*, Körnungen etwa 6.000-10.000

(7) *nagura-to*, Körnung etwa 3.000

liche *hon-yama*-Bergwerk wurde nach seiner Ausbeutung bereits 1967 geschlossen, originale Steine gelten heute als kostbare Raritäten. Es gibt jedoch in der Nähe noch aktive Minen, aus denen bezahlbare Steine von feiner Qualität gewonnen werden. Diese als *sho hon-yama* bezeichneten Blocksteine oder Bruchstücke zeichnen sich durch ihre gelbliche bis grünliche Farbe, manchmal durchzogen von flammenförmigen rötlichen Adern, und ein griffiges Abziehverhalten aus.

Der ockerfarbene *nagura-to*, wird nicht nur zum Schärfen, sondern auch zum Erzeugen einer Polierpaste (*toguso*) benutzt. Man reibt ihn auf einem Block-Abziehstein in kreisförmigen Bewegungen und gibt nach Bedarf Wasser zu.

Wässern der Steine

Natürliche ebenso wie synthetische japanische Schleifsteine müssen vor dem Gebrauch gewässert werden. Die Dauer hängt von der Art des Steins und der Körnung ab. Grobe Steine benötigen etwa fünf bis zehn Minuten, um sich vollzusaugen, mittlere Körnungen drei bis fünf Minuten und feine Körnungen zwei bis drei Minuten. Keramische Steine nehmen kaum Wasser auf, hier reicht ein kurzes Eintauchen oder Besprühen.

Durch Reiben eines kleinen *nagura*-Steins auf einem Blockstein kann man eine polierende Paste herstellen.

Legen Sie zum Wässern die Steine in eine mit normalen Leitungswasser gefüllte Wanne.

Steine grober und mittlerer Körnungen sind besonders „durstig", erkennbar durch die aufsteigenden Blasen.

Das Spülen während des Schärfens hat den Zweck, den Abrieb zu beseitigen, um die volle Schnittkraft beizubehalten. Für die Wasserzugabe benutzt man die bloße Hand oder einen Wassersprayer, wie er für Zimmerpflanzen verwendet wird. Wenn man wenig spült, setzt sich der Abrieb teilweise in den Poren fest und beeinträchtigt die Schleifwirkung des Steins.

Zugleich bildet sich an der Oberfläche eine pastöse Creme (ähnlich wie beim Reiben mit einem *nagura*-Stein). Dieser Effekt wird von erfahrenen Schärfern bewusst herbeigeführt, um die Körnungssprünge zwischen den einzelnen Steinen – vor allem im mittleren und feinen Bereich – auszugleichen. Man reduziert dazu allmählich die Wasserzugabe während des Schärfens auf demselben Stein, bevor man auf den nächst Feineren übergeht. Vermeiden Sie allerdings, dass der Stein völlig trocken läuft.

Ein durch den Abrieb oder durch schmierende Legierungselemente (zum Beispiel Chrom) „verstopfter" Stein kann durch Reiben auf einem Abrichtblock wieder frei gemacht werden.

Pflege der Steine

Schärfsteine sind empfindliche Präzisionswerkzeuge, die einer behutsamen Behandlung bedürfen. Mit unebenen oder hohl geschliffenen Steinen lassen sich weder bei Stecheisen noch bei Hobeleisen exakte Schneidengeometrien erzielen. Prüfen Sie deshalb die Planheit regelmäßig mit dem Haarlineal, indem Sie es mit der scharfen Kante auf die Steinoberfläche aufsetzen und gegen das Licht peilen (Lichtspaltkontrolle).

Synthetische ebenso wie natürliche japanische Wassersteine sind sehr bruchempfindlich. Vermeiden Sie Erschütterungen und das Gegeneinanderstoßen beim Transport sowie – vor allem bei dünnen Steinen – jede Biegebelastung beim Schärfen. Lassen Sie die Steine nach Möglichkeit ganzflächig aufliegen.

TIPP

Längere Lebensdauer: Steine, die durch Verschleiß schon dünn und brüchig geworden sind, kann man auf eine biegesteife Grundplatte, beispielsweise aus wasserfestem Multiplex, mit einem Epoxidharzkleber aufkleben und so weiter verwenden.

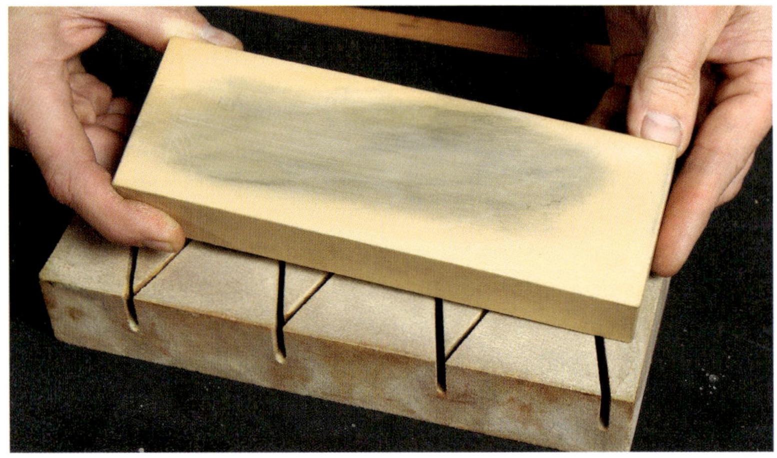

Hohl geschliffene Steine müssen abgerichtet werden.

Mit elliptischen Bewegungen wird der gewässerte Stein auf einem Abrichtblock gerieben,…

… bis eine vollkommen plane Oberfläche vorliegt.

Abrichten der Steine

Für das Abrichten von unebenen oder hohl geschliffenen Steinen gibt es mehrere Möglichkeiten:

- Die schnellste Methode ist das Reiben im nassen Zustand auf einem speziellen, im Handel erhältlichen keramischen Abrichtblock, bis die Kuhlen auf der bearbeiteten Fläche verschwinden und ein gleichmäßiges Schliffbild vorliegt. Auch die umgekehrte Vorgehensweise – das Reiben des Abrichtblocks auf dem liegenden Stein – ist möglich. Beachten Sie, dass auch der Abrichtblock einem Verschleiß unterliegt und eine begrenzte Lebensdauer hat. Prüfen Sie den Abrichtblock bereits im Lieferzustand auf Planheit. Leider ist diese nicht immer gewährleistet!

- Reiben des gewässerten Steins auf einem planen, ausreichend großen Diamant-Schärfblock von grober Körnung. Diese Methode, bei der allerdings auch die Diamantbeschichtung strapaziert wird, ist die einzige Möglichkeit für das Abrichten von keramischen Steinen.

- Reiben von zwei Steinen aneinander, wobei der Gröbere verstärkt den Feineren abträgt, bis ein ebenmäßiges Schliffbild vorliegt.

- Reiben auf Nassschleifpapier (Körnung etwa 30-60), das auf einer ebenen Grundplatte aufliegt. Vorzugsweise verwendet man eine etwa 30 Zentimeter lange und mindestens acht Millimeter starke Glasplatte, auf der das Papier im nassen Zustand adhäsiv haftet.

Richten Sie alle Seiten des Steins ab und fasen Sie abschließend die Kanten leicht an, um sie vor Beschädigung zu schützen. Dazu machen Sie mehrere Züge mit dem um 45° gekippten Stein auf dem Abrichtblock.

Aufbewahrung der Steine

Die Zeit für das Wässern kann man sich sparen, wenn man die Steine permanent im Wasser lagert, zum Beispiel in einer Plastikwanne mit Deckel. Um der Veralgung vorzubeugen, kann man einen Spritzer Desinfektionsmittel zugeben. Die ständige Aufbewahrung im Wasser ist vor allem bei stark kalkhaltigem Wasser zu empfehlen, da ein wiederholtes Austrocknen zur Kalkanreicherung im Stein und damit zu einer Herabsetzung der Schärfleistung führt.

- Kein Frost: Achten Sie auf eine frostfreie Lagerung! Wasser, das selbst bei äußerlich trockenen Steinen im Inneren noch vorhanden sein kann, dehnt sich beim Gefrieren um vier Prozent aus und führt dabei unweigerlich zum Bersten Ihrer kostbaren Schleifsteine.

- Kein Öl: Achten Sie darauf, dass die Steine weder bei der Aufbewahrung noch beim Gebrauch mit Öl in Kontakt kommen. Öl blockiert die Wasseraufnahme mit negativen Folgen für das Schärfverhalten. Verwenden Sie deshalb nie Öl- und Wassersteine kombiniert beim Schärfen.

- Kein Staub: Lagern Sie die Steine stets so, dass sie vor Verschmutzung geschützt sind. Vor allem bei den feinkörnigen Abziehsteinen können sowohl Schleifstaub als auch die Schleifpartikel eines gröberen Steins eine schon polierte Fläche ruinieren. Lagern Sie deshalb Steine verschiedener Körnung nach Möglichkeit getrennt.

Westliche Natursteine und Ölsteine

Selbstverständlich können auch hochwertige europäische Natursteine zum Abziehen von Schneidwerkzeugen verwendet werden. Der folgende Überblick über noch verfügbare und empfehlenswerte Steine erhebt keinen Anspruch auf Vollständigkeit.

(1) Belgischer Brocken, massiv (Coticule)
(2) Belgischer Brocken, laminiert
(3) Rozsutec
(4) Blauer Thüringer
(5) Gosauer
(6) Arkansas-Formsteine

Der in den Ardennen vorkommende „Belgische Brocken“ verdankt seine Schleifwirkung den feinen, facettierten Granatpartikeln von 5-20 µm Durchmesser. Leider sind die begehrten gelblichen Exemplare („Coticule“) meist nur noch kleinformatig oder in dünnen Platten, verklebt mit Schiefer, erhältlich. Der an den gleichen Lagerstätten noch in größeren Dimensionen verfügbare „Blaue Westeen“ ist etwas härter, jedoch durch den geringeren Granatanteil weniger schleifwirksam.

Sediment-Sandsteine mittlerer bis feiner Körnung werden heute noch im slowakischen Mala-Fatra-Gebirge am Rozsutec abgebaut, nach dem der Stein auch benannt ist. Sein Gefüge ist gleichmäßig, die Matrix relativ hart und deshalb nicht sehr aggressiv schleifend.

Wenn Sie wissen wollen, was unter einem „Gschtreimten“, „Schlierler“, „Lindweichen“ oder „Pelzigen“ zu verstehen ist, können Sie sich an den im österreichischen Gosau beheimateten Steinexperten Manfred Wallner wenden. Er hat im Jahre 1989 die vier Jahrhunderte alten Schürfrechte am Ressenberg wiederbelebt, wo sich auf 1350 Meter über Meereshöhe der höchstgelegene Schleifsteinbruch Europas befindet.

Die gleichmäßige, dichte Struktur der hier vorzufindenden Sandsteinschicht ermöglichte die Herstellung auch sehr großformatiger Schleifräder, wie sie beispielsweise in Sensenschmieden zum Einsatz kamen. Die schleifwirksamen Partikel des „Gosauers“ sind vorwiegend anguläre Quarzitkörner, eingelagert in Tonmineralien verschiedener Härte. Heute werden Blocksteine, Riemchen, Sensenwetzsteine und Scheiben von vorwiegend mittlerer Körnung (etwa 600-1.200) geschnitten.

Einen ähnlichen Gefügeaufbau, jedoch feineres Korn (bis zu 2.500) weist der „Blaue Thüringer“ auf. Um dem sehr harten Stein eine gute Abziehwirkung zu verleihen, erzeugt man mit einem kleinen, mitgelieferten „Aufreiber“ eine „Schlämme“. Da er nach Angaben des Herstellers keine fremden Einschlüsse enthält, wird der Thüringer auch für feinste Schneiden, wie Rasiermesser und Mikrotommesser (für medizinische Dünnschnitte) empfohlen.

In den Quachita Mountains des US-Staats Arkansas werden die gleichnamigen, mit Öl zu benutzenden Steine gewonnen. Sie bestehen überwiegend aus Silikaten und sind deshalb relativ hart und widerstandsfähig. Aus diesem Grund werden Arkansas-Steine gerne zum Abziehen gekrümmter oder sehr kleiner Werkzeugschneiden, wie Bildhauereisen, Drechseleisen oder chirurgische Werkzeuge verwendet. Ihr Schleifverhalten ist jedoch weniger aggressiv als bei den meisten Wassersteinen.

Einen geradezu legendären Ruf hatten die halbtransparenten, milchig-weißen, sogenannten „Lillywhite"-Steine, die heute jedoch wegen der erschöpften Lagerstätten kaum mehr erhältlich sind. Die derzeit verfügbaren, schwarzen Arkansas-Steine sind härter, jedoch etwas weniger schleifwirksam.

10.2 Diamant-Schärfmittel

Ein Schleifstein, der nicht verschleißt und nicht brechen kann, wäre die Wunschvorstellung jedes Werkzeug-Schärfers. „Diamantsteine" kommen diesem Ideal ziemlich nahe. Es handelt sich genau genommen nicht um Steine, sondern um Diamantgranulat, das in einer Nickelmatrix gebunden galvanisch auf eine Stahlplatine aufgebracht wurde. Die Diamantschärfer sind in Blockform, als kompakte Taschenschärfer oder Schärffeilen verfügbar.

Ihre Vorzüge spielen sie vor allem bei verschleißträchtigen, sehr harten Stählen aus. Beim Abrichten unebener Flächen, zum Beispiel der Spiegelflächen von Stech- und Hobeleisen, sind die formstabilen Diamant-Schärfblöcke oder der beidseitig nutzbare Kombiblock „DuoSharp" nahezu unentbehrlich. Ein Diamantschärfblock grober Körnung eignet sich auch zum Abrichten anderer Schärfsteine.

Für Formänderungen an Klingen und Reparaturen sind die robusten Diamantschärfer in grober Körnung bestens geeignet. Feilenförmige Diamantschärfer leisten bei Werkzeugen mit gekrümmten Schneiden (etwa Äxten) oder für die Innenbearbeitung profilierter oder hakenförmiger Werkzeuge (Profilhobeleisen, Drechseleisen, Angelhaken, Hufmesser etc.) beste Dienste.

Da der Diamant der härteste Werkstoff ist, sind damit ausgestattete Schärfmittel auch zum Abtrag extrem harter Werkstoffe, wie HSS- und PM-Stähle oder Hartmetall (Karbid) unverzichtbar. Auch keramische Schneidwerkstoffe, wie

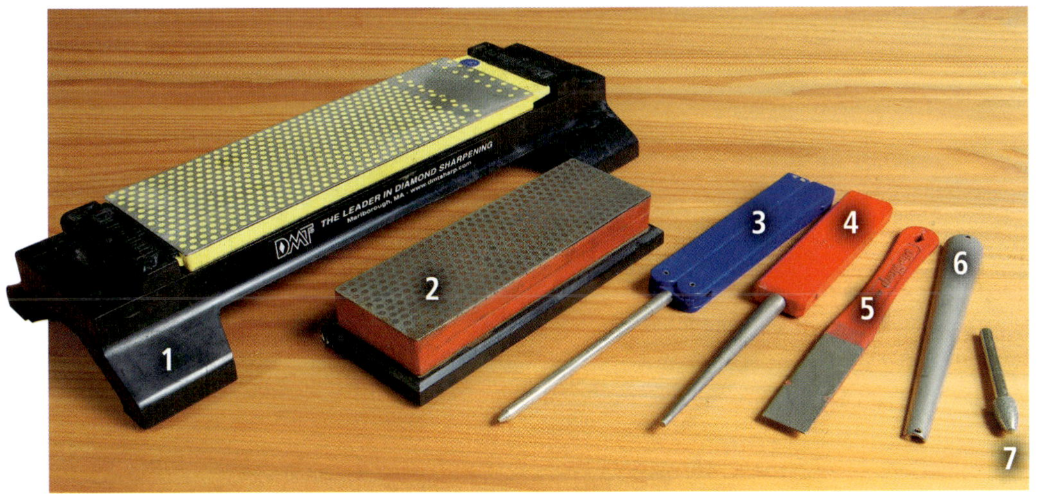

Diamant-Schärfer (DMT):

(1) Kombiblock mit zwei Körnungen (DuoSharp)

(2) Block

(3) Rundfeile, zylindrisch

(4) Rundfeile, konisch

(5) Flachfeile

(6) Kegel

(7) Kegelstift

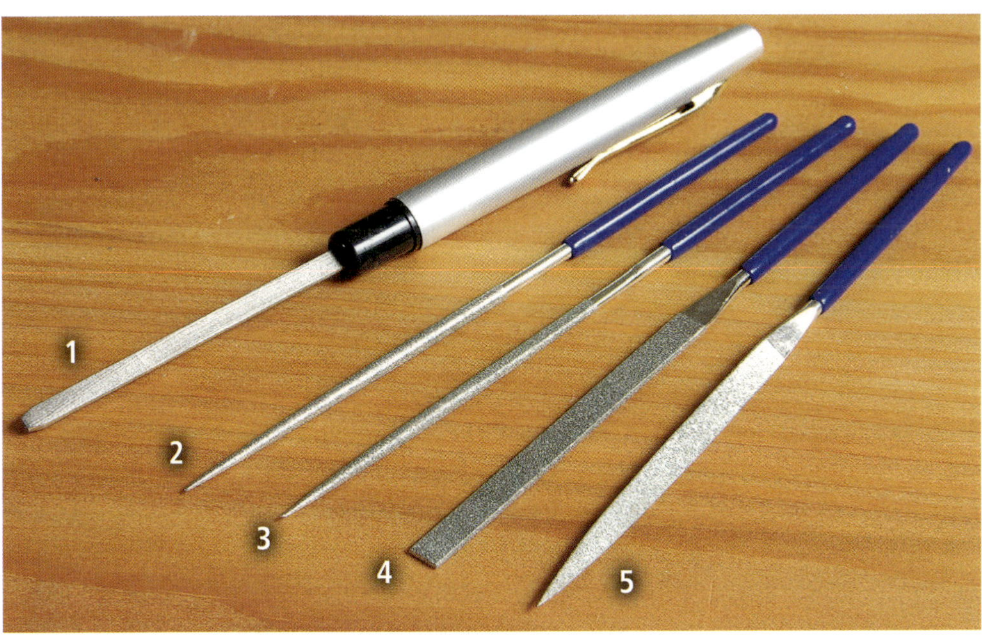

Verschiedene Diamant-Nadelfeilen: (1) halbrund, mit einem auch als Scheide verwendbaren Griff, (2) rund, (3) quadratisch, (4) flach, (5) flachspitz.

sie vereinzelt für Kochmesser oder Drehwerkzeuge eingesetzt werden, lassen sich damit bearbeiten.

Je nach Beanspruchung unterliegen auch Diamantschärfer einem gewissen Verschleiß. Die anfängliche aggressive Schärfe verlieren sie relativ rasch, um dann in der Regel über lange Zeit eine nahezu konstante Abtragleistung zu zeigen.

Diamantsteine werden nach der Korngröße spezifiziert. Das Angebot reicht von 60 µm (extra grob, entsprechend etwa der japanischen Körnung 220) bis 3 µm (extra-extra fein, ungefähr entsprechend der japanischen Körnung 4.000). Die zusätzliche Verwendung eines japanischen Wassersteins zum Abziehen ist bei erhöhten Schärfeanforderungen empfehlenswert.

TIPPS

- Üben Sie nur geringen Druck aus! Zu hoher Druck kann die galvanische Beschichtung beschädigen oder die Diamantpartikel aus der Matrix reißen.
- Achten Sie beim Kauf auf eine gute Qualität, gekennzeichnet durch monokristalline Diamantkörner und eine hohe Planheit. Ein krummer Stein ist für Abricht-Aufgaben unbrauchbar.
- Verwenden Sie nur Wasser als Spülmittel. So kann man Diamantsteine mit japanischen Abziehsteinen kombiniert verwenden.

10.3 Sonstige Schärfmittel und Zubehör

Polierstahl

Alternativ zu einem Schärfstein oder Diamantblock kann zum Abrichten der Spiegelflächen von Werkzeugen, insbesondere bei Stemm- und Hobeleisen, eine plan geschliffene Stahlplatte zusammen mit Karborund- (Siliziumkarbid) Schleifgranulat verwendet werden. Die Bearbeitung erfolgt unter Wasserzugabe mit kräftigem Anpressdruck auf der rutschfest gelagerten Platte. Das Pulver zerreibt sich dabei zu einer feinen Polierpaste. Diese von japanischen Handwerkern bevorzugte Methode wird im Kapitel „Japanische Stemmeisen“ vorgestellt.

Polierstahl mit Karborund-Pulver zwei verschiedener Körnungen.

Schärfmaschinen

Für das Herausschleifen von Scharten, Formänderungen oder ganz generell für starken Materialabtrag können wassergekühlte Schärfmaschinen von Vorteil sein. Es gibt zwei Modelle, die auch mit japanischen Wassersteinen ausgestattet werden können: Das langjährig bewährte Tormek-Schärfsystem bietet diverse Schleifführungen für reproduzierbare Ergebnisse, sowie eine gerade und optional auch eine profilierte Lederabziehscheibe.

Es ist zu beachten, dass das Schärfen am Scheibenumfang einen leichten Hohlschliff auf der Fase erzeugt, der die Schneide schwächen und das Bruchrisiko vor allem bei sehr harten (japanischen) Stählen erhöhen kann. Dieses Problem existiert nicht bei der Shinko-Maschine, deren Topfscheibe einen Planschliff erzeugt. Sie verfügt allerdings nicht über Schärfführungen und ist hinsichtlich Stabilität und Leistung nur für leichtere Aufgaben ausgelegt.

Robust und vielseitig einsetzbar: Das Tormek-Schärfsystem, hier mit optionaler, profilierter Leder-Abziehscheibe.

Für Planschliff: Die Shinko-Maschine mit wassergekühlter Topfscheibe.

Abziehleder

Leder wird in Form von Streich- oder Stoßriemen, Scheiben sowie mit oder ohne zusätzlichen Auftrag einer Polierpaste zum Abziehen von Schneiden eingesetzt. Wenn wir es hier nur mit Einschränkungen empfehlen, dann hat das folgende Gründe:

- Blankes Leder (ohne Schleifpaste) hat keinen abtragenden Effekt, die Mikroverzahnung des vorherigen Bearbeitungsprozesses bleibt unverändert. Durch Abziehen mit Leder richtet man einen vorhandenen Grat nur auf (ähnlich wie bei der Verwendung eines Abziehstahls für Messer). Der damit erzielte Schärfegewinn ist daher in der Regel nur von kurzer Dauer, bis sich die Schneide wieder umlegt.

- Leder in Kombination mit Schleifpaste trägt zwar ab und glättet die Schneidkante bis zu einem gewissen Grad. Durch die Flexibilität des Leders ist jedoch der Abtrag an den Spitzen der Mikroverzahnung nicht so effizient wie bei Verwendung eines Schleifsteins.

- Die Flexibilität und Nachgiebigkeit des Leders wird oft als Vorteil angesehen, da es sich der Schneidenkontur anpasst. Bei hohen Ansprüchen kann sie jedoch – mikroskopisch betrachtet – auch von Nachteil sein, da sie zu einer Mikroabrundung einer schon fein ausgeschliffenen Schneidkante führen kann.

Dennoch kann ein Abziehen mit Leder sinnvoll sein, zum Beispiel wenn die Schneide keiner hohen Belastung ausgesetzt wird (beispielsweise Schnitzmesser für Lindenholz, Rasiermesser, Filetiermesser) oder eine komplexe Schneidengeometrie vorliegt, für die man keine passenden Abziehsteine zur Verfügung hat.

Ein flexibler Streichriemen ist allenfalls für ballige Schneiden (beispielsweise Äxte) geeignet. Vorzugsweise sollte das Abziehleder auf einer Holzunterlage aufgeklebt sein, damit es sich nicht verformt. Zur Verwendung bei Hohleisen oder profilierten Werkzeugen kann man sich aus einem Hartholzstück relativ schnell einen passend geformten Abziehblock selber bauen, wie im Kapitel „Bildhauereisen“ beschrieben.

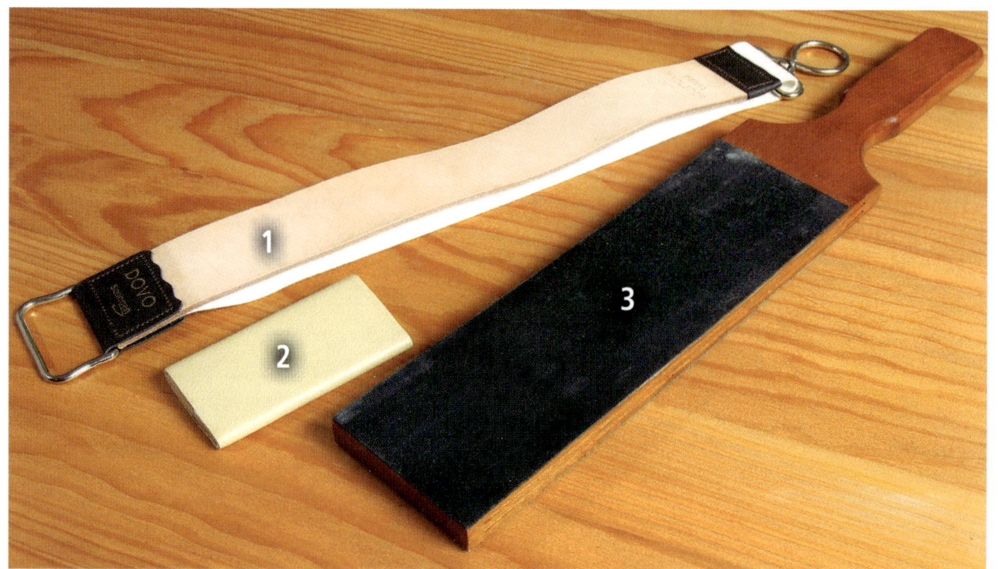

(1) Streichriemen, (2) Leder-Abziehblock, (3) Stoßriemen.

Für Außenkonturen und Werkzeuge mit gerader Schneide ist ein Stoßriemen, bei dem das Leder auf Holzlamellen aufgeklebt ist, geeignet. Durch Auftragen eines nicht schleifenden Leder-Pflegefetts oder Öls, das man einreibt, verbessert sich die Haftung beim Abziehen. Verwenden Sie zum Abziehen keine Pasten, die Schleifpartikel enthalten.

Schleif- und Polierpasten

Schleif- oder Polierpasten bestehen meist aus einem Öl- oder Wachsbindemittel mit darin verteilten Schleifpartikeln. Derartige Pasten können zum Polieren der Fasen- oder Spiegelflächen einer Werkzeugklinge dienen, um die Reibung herabzusetzen. Auch Flugrost oder Anlaufschwärzungen lassen sich damit beseitigen. Dem gleichen Zweck dienen cremeförmige Haushalts-Metallpolituren, wie etwa „Gundelputz“. Die Politur erfolgt entweder manuell oder mit rotierenden Filz-, Stoff- oder Lederscheiben. Achten Sie darauf, dass auf dem Werkzeug keine ölhaltigen Pastenreste zurückbleiben, die auf das Werkstück oder die Wasserschleifsteine gelangen könnten.

Bei blockförmigen Pasten und den meisten Metallpolituren sind die Körnungen leider meist nicht spezifiziert oder inkonsistent. Sie können deshalb

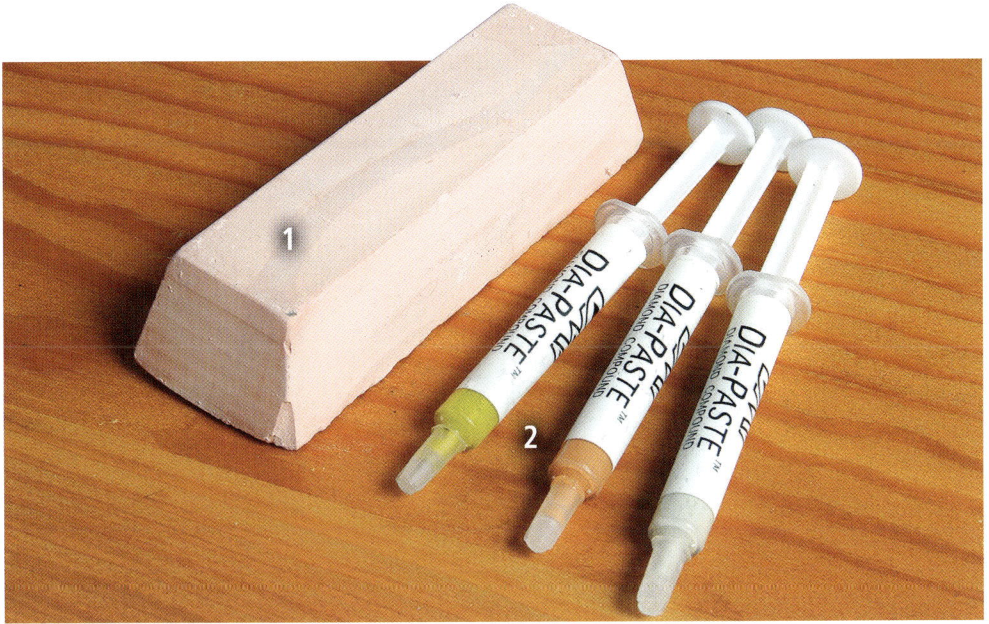

(1) Block-Polierpaste, wachsbasiert, (2) Diamantpasten verschiedener Körnungen, wasserbasiert.

in Kombination mit Leder nur unter Vorbehalt empfohlen werden. Zudem ist es schwierig bis unmöglich, das Leder von einmal darin festgesetzten Schleifpartikeln zu reinigen, um es anschließend mit einem feineren Poliermittel zu verwenden.

Diamantstaub von definierter Korngröße (1 bis 6 µm) enthalten die wasserbasierten DMT-Diamantpasten, die für feinste Polituraufgaben eingesetzt werden. Aus Kostengründen kommen sie jedoch für das Werkzeugschärfen kaum in Frage.

TIPP

Poliermittel selbst gemacht: Aus dem Abrieb eines feinkörnigen Wassersteins kann man sich unter etwas Wasserzugabe auch selber eine Poliercreme herstellen. Sie hat den Vorteil, dass man die Körnung kennt und dass sie nicht ölhaltig ist.

Schleifpapier

Schleifpapier oder Schleifmittel auf textiler Unterlage (Schleifleinen) werden verschiedentlich als eine preiswerte Alternative zu Schärfsteinen betrachtet, zumal sie in der Regel leicht verfügbar und in einer breiten Körnungsauswahl erhältlich sind. Es ist jedoch zu bedenken, dass die Basis vor allem im feuchten Zustand sehr nachgiebig ist, was selbst auf einer harten Unterlage zu Mikro-Schneidenabrundungen führen kann. Der Effekt ist umso ausgeprägter, je feiner die bereits ausgeschliffene Schneide ist und je höher der aufgebrachte Druck ist.

Wir empfehlen die Verwendung von Schleifpapier deshalb nur unter Vorbehalt, zum Beispiel zum Bau speziell geformter Schärffeilen für hakenförmige oder ringförmige Drechseleisen oder andere kompliziert geformte Schneiden. Zu beachten ist, dass sich die Körnungsspezifikationen von Schleifpapier von der japanischer oder westlicher Schleifsteine unterscheiden (siehe Körnungstabelle).

Hochwertiges Schleifpapier oder Schleifleinen zeichnet sich durch möglichst reines Schleifgranulat (Korund = Aluminiumoxid oder Karborund = Siliziumkarbid), einheitliche Korngröße und gute Bindung in der Matrix aus. Als bewährte Marken gelten Klingspor, Kovax sowie für feinste Körnungen das US-Produkt MicroMesh.

Auf passend geformte Holzstäbe aufgeklebt, kann man mit Schleifpapier runde oder ovale Schärffeilen nach Bedarf herstellen.

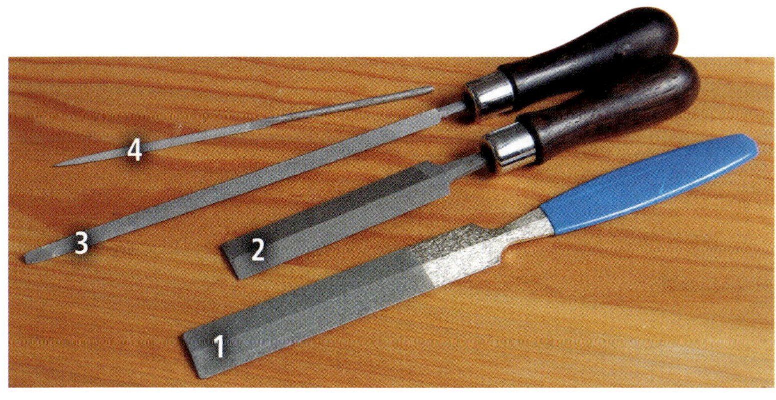

(1) Japanische Diamant-Sägefeile.
(2) Japanische Einhieb-Sägefeile.
(3) Westliche Sägefeile (Dreikantfeile).
(4) Westliche Sägefeile (Dreikant-Nadelfeile).

Feilen

Feilen werden unter anderem beim Schärfen von Sägen, Ziehklingen oder auch Äxten eingesetzt. Die Feile muss in jedem Fall härter als der zu bearbeitende Stahl sein. Die härtesten Stahlfeilen erreichen einen Härtegrad von 65 HRC (Marke „Valtitan").

Werkstattfeilen mit Kreuzhieb, der eine geriffelte Oberfläche hinterlässt, sind in der Regel für Schärfaufgaben nicht brauchbar. Hier kommen vorwiegend Einhiebfeilen zum Einsatz. Zunehmend werden, vor allem zum Schärfen von Drechseleisen, kompliziert geformten Schneiden oder Hartmetall-Spitzen, auch Diamantfeilen verwendet.

Schärfstein-Halter

Beim Schärfen auf Wassersteinen muss man dafür sorgen, dass der Stein ruhig und stabil liegt. Jede Eigenbewegung vermindert die Wirkung und macht den

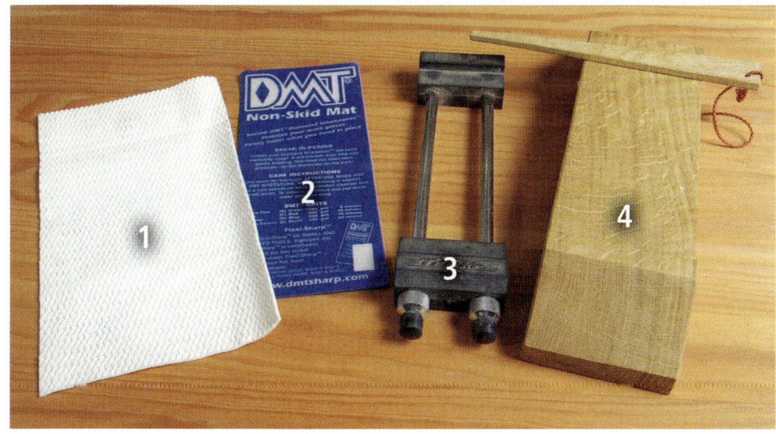

(1) und (2) Antirutsch-Unterlagen.

(3) Verstellbarer Halter.

(4) Selbst gebauter Halter aus Eichenholz.

EXPERTENTIPP

Schärfsteinhalter aus Holz selber bauen:

Der unten gezeigte Schärfsteinhalter mit Klemmkeil ist nicht nur schöner, sondern auch praktischer als die meisten käuflichen Exemplare. Mit einem leichten Hammerschlag gegen die Keilstirnseite wird der Stein fixiert und ebenso für das Wässern wieder freigegeben. Der Halter lässt sich mit geringem Aufwand herstellen. Achten Sie auf folgende Punkte:

- Holzauswahl: Verwenden Sie beispielsweise feinjähriges, gut abgelagertes Eichenholz, das ein gutes Stehvermögen hat und wasserunempfindlich ist. Das Stück sollte mit „stehenden Jahren" eingeschnitten sein, um Verzüge zu vermeiden. Beim Gebrauch bekommt das gerbsäurehaltige Holz durch die Einwirkung von Eisenspänen und Wasser eine schöne, dunkle Patina.
- Maße: Der Block sollte eine solide Dicke von etwa 5 cm haben, damit er ruhig liegt und sich nicht verwirft. Länge und Breite sind abhängig von der Größe der zu spannenden Schärfsteine. Machen Sie die Aussparung 25 mm länger als den Stein und nicht tiefer als 5 mm, damit sie auch für sehr dünn ausgeschliffene Steine noch brauchbar ist. Der Keil hat einen Winkel von 5° und eine Länge von etwa 20 cm. Eine dünne Sicherungsschnur bewahrt ihn vor Verlust. Alternativ kann man auch eine exzentrisch gelagerte Holzscheibe zum Klemmen des Steins vorsehen (siehe rechts).
- Achten Sie darauf, dass die Auflagefläche für den Stein absolut plan ist. Auf einer balligen Fläche würden die Steine kippeln, auf einer hohlen würden dünne Steine leicht brechen. Die Füße sind für eine statisch bestimmte Auflage um 8 mm abgesetzt.

Schärfsteinhalter aus Eiche, mit Klemmkeil.

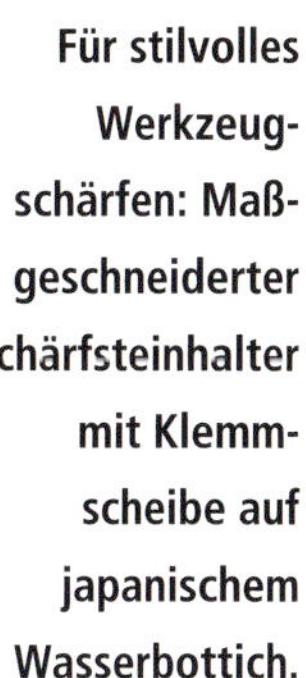

Für stilvolles Werkzeugschärfen: Maßgeschneiderter Schärfsteinhalter mit Klemmscheibe auf japanischem Wasserbottich.

Vorgang ungenauer. Wenn der Stein nicht schon im Lieferzustand mit einem geeigneten Sockel ausgestattet ist, benötigt man einen stabilen Halter mit rutschfesten Gummifüßen und längenverstellbarer Aufnahme.

Als einfache Maßnahme für gelegentliches Schärfen reicht auch eine rutschhemmende Gummiplatte oder eine Antirutsch–Matte, wie sie als Teppichunterlage angeboten wird. Zweckmäßiger (und schöner) ist allerdings ein selbst gebauter Halter aus Holz. Der Schreinermeister und Schärfexperte Harald Welzel verrät uns, wie es geht (siehe Kasten links).

Zubehör

Zur Beurteilung der Schneide und der Oberfläche ist eine Lupe, am besten eine Lupenlampe oder Aufsetzlupe, hilfreich. Zur Prüfung der Planheit der Steine oder der Spiegelflächen von Klingen verwendet man ein Haarlineal. Mit der scharfen Kante auf der Fläche aufgesetzt und gegen das Licht gehalten, fallen auch kleinste Unregelmäßigkeiten sofort auf (sogenannte „Lichtspaltkontrolle“). Zur Prüfung von Hobelsohlen mit eingesetztem Eisen dient ein spezielles Haarlineal mit Aussparung.

Mit einem kleinen Anschlagwinkel prüft man die Rechtwinkligkeit der Schneide. Ein kleiner, verstellbarer Winkelmesser oder eine spezielle Winkellehre dienen dazu, den Fasenwinkel zu kontrollieren.

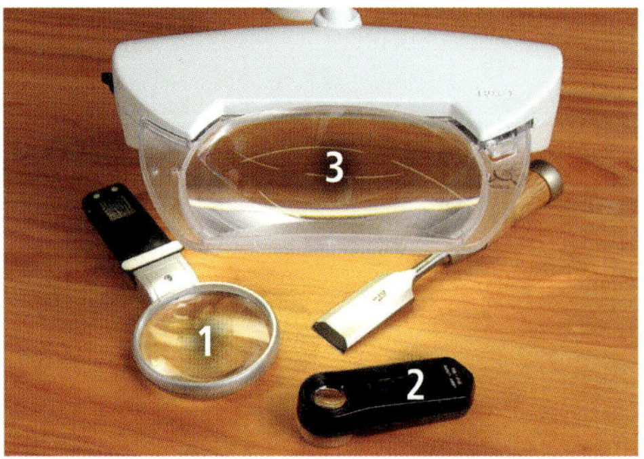

(1) Lupe
(2) Aufsetzlupe
(3) Lupenlampe

(1) Japanischer Ölbehälter (*aburatsubo*)
(2) Rostschutzöl (Sinensis)
(2) Rostschutzöl (Ballistol)
(4) Rostschutzöl (japanisches Nelkenöl)

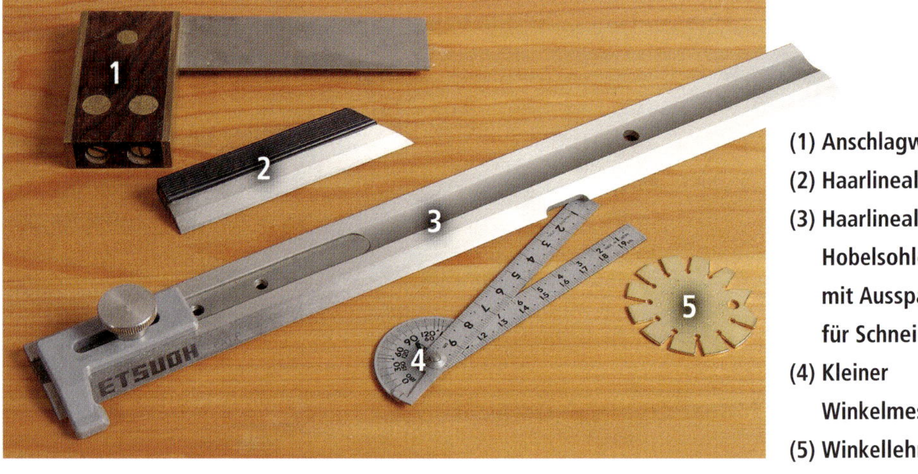

(1) Anschlagwinkel
(2) Haarlineal
(3) Haarlineal für Hobelsohlen mit Aussparung für Schneide
(4) Kleiner Winkelmesser
(5) Winkellehre

Rost ist der schlimmste Feind jedes Schneidwerkzeugs. Zur Vermeidung von Korrosion reicht ein sehr dünner Auftrag eines Rostschutzöls nach jedem Schärfvorgang und vor längerer Lagerung. Sauber und stilvoll macht man das mit dem *aburatsubo*, einem verschließbaren und mit einem ölgetränkten Lappen gefüllten Behältnis nach japanischem Vorbild. Achten Sie darauf, dass das Öl säurefrei und nicht harzend ist. Bewährt hat sich beispielsweise Sinensis (Kamelienöl) oder Ballistol. Diese Öle können auch für das Schmieren von beweglichen Teilen, etwa der Einstellschrauben bei Hobeln, verwendet werden.

Zur Beseitigung von Flugrost, Anlaufschwärzungen oder Verschmutzungen dient ein Rostradierer, bei dem die Schleifpartikel in einem flexiblen Gummiblock eingebettet sind.

Rostradierer verschiedener Körnungen.

Der Rostradierer wird mit Wasser benutzt. Durch seine Flexibilität passt er sich auch krummen Flächen an.

DER GRÖSSTE FEIND

Rost ist ein Oxidationsvorgang, bei dem die angegriffene Stahloberfläche einen unwiederbringlichen Substanzverlust erfährt. Wenn es sich dabei um Funktionsflächen, wie etwa die Spiegelflächen von Stech- oder Schnitzeisen handelt, kann das den Ruin der Klinge bedeuten. Auch sogenannte „Rostumwandler" können diesen Prozess nicht rückgängig machen. Sie wandeln vielmehr eine weniger stabile oder poröse Oxidschicht in eine stabilere Phase um, etwa Fe_2O_3 in Eisenphosphat (Fe_3PO_4). Die meisten Schneidwerkzeuge können aus Gründen der geforderten Härte und Schnitthaltigkeit nicht aus rostfreiem Stahl hergestellt werden.

STAHLKUNDE

11.1 Grundsätzliches

Seit über dreitausend Jahren bildet das Element Eisen und seine härtbare Variante, der Stahl, die Grundlage unserer menschlichen Existenz. Die Klingen nahezu aller Werkzeuge, ob zur Bearbeitung des Holzes, des Bodens oder dem Zerteilen von Lebensmitteln, wurden und werden aus diesem Metall hergestellt. Für uns Handwerker, die wir Stahlwerkzeuge nicht nur benutzen, sondern sie auch schärfen müssen, ist ein Grundwissen um dessen Eigenschaften unverzichtbar. Es hilft uns, die Vorgänge beim Schärfen besser zu verstehen und Fehler zu vermeiden.

Stahl ist eine sogenannte „Knetlegierung", also eine durch Schmieden oder Walzen formbare Eisenlegierung, die durch ihren Gehalt von 0,2 % bis 1,7 % Kohlenstoff gehärtet werden kann. Wie bei allen Metallen handelt es sich bei Stahl um einen kristallinen Werkstoff. Seine Matrix, man spricht auch von Gefüge, besteht aus Bereichen homogener Kristallite, die man auch als „Körner" bezeichnet.

Die Eigenschaften des Stahls werden ganz wesentlich durch seine mittlere Korngröße bestimmt: Kleine Körner ergeben ein homogenes Gefüge mit guten mechanischen Festigkeitswerten (Bruchfestigkeit, Kerbschlagzähigkeit, mögliche Schärfe und Standzeit bei Schnittstählen). Eine Verfeinerung des Korns lässt sich durch Zugabe bestimmter Legierungselemente sowie durch Normalglühen, Härten und bei bestimmten Stählen auch durch eine Tieftemperaturbehandlung erzielen.

Einen wesentlichen Einfluss auf die mechanischen Eigenschaften hat die Umformtechnik. Durch sorgfältiges Schmieden bei nicht zu hohen Temperaturen wird das Gefüge homogener, zudem kann eine sogenannte „Textur" erzeugt werden. Dabei wird das Gitter der Beanspruchung entsprechend ausgerichtet, vergleichbar den Fasern beim Holz. Man spricht deshalb (fachlich nicht ganz korrekt) auch von „Faserstruktur". Ein qualitätsbewusster Schmied wird beispielsweise einen Axtkopf so formen, dass das Gitter im Bereich des Blatts in

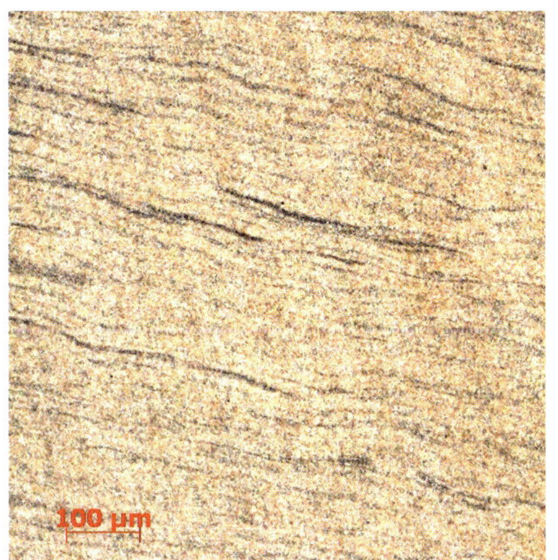

Durch Schmieden wird das Gitter beanspruchungsgerecht ausgerichtet. Schliffbild eines geschmiedeten und gehärteten, niedrig legierten Werkzeugstahls (Cr=1,3 %, Mn=0,3 %, Si=0,6 %), 100-fache Vergrößerung.

Vorbild Natur: Faserstruktur bei Zypressenholz.

Längsrichtung gestreckt ist, um eine hohe Biege- und Bruchfestigkeit zu erzielen. An der Schneide jedoch lässt er die „Fasern" zugunsten einer guten Schneidkantenstabilität quer verlaufen.

Durch die bei Massenproduktion von Schneidwerkzeugen üblichen, maschinellen Verfahren (Walzen, Stanzen und Pressen) kann man diese beanspruchungsgerechte Optimierung, die sich auch im Werkstoffgefüge fortsetzt, kaum erzielen. In dieser Hinsicht ist die einfühlsame Hand eines erfahrenen Werkzeugschmieds durch nichts zu ersetzen. Er vollzieht jene Gratwanderung zwischen maximaler Verformung und minimal zulässiger Temperatur, die zu hervorragenden Ergebnissen führt.

Eine weitere Qualitätssteigerung kann bei dünnen Klingen durch ein Kalthämmern und die dadurch bewirkte Kaltverfestigung erzielt werden. Heute wird dieser Bearbeitungsschritt aufgrund der damit verbundenen Bruchgefahr nur noch von sehr erfahrenen Schmieden praktiziert. Nicht ohne Grund genießen gerade alte, noch von Hand geschmiedete Werkzeuge, bei Bildhauern oder Geigenbauern eine besondere Wertschätzung.

In Japan entstehen viele Schneidwerkzeuge noch in Handarbeit: Japanischer Meister beim Ausschmieden eines Axtkopfes.

11.2 Stahlarten

Die Klassifikation und Bezeichnung von Stählen ist in Deutschland durch die DIN-Norm beziehungsweise europaweit durch die Europanorm geregelt. So regelt DIN 17006, dass Stähle nach Buchstaben und Zahlen mit einem Kurznamen bezeichnet werden können. Die Benennung erfolgt nach Zusammensetzung oder nach Zugfestigkeit, zum Beispiel C45 (Vergütungsstahl mit 0,45 % Kohlenstoff) oder St37 (Thomasstahl mit 370 N/mm^2 Zugfestigkeit). Zudem werden nach Europanorm EN 10027 (ersetzt DIN 17007) Werkstoffnummern vergeben, die die Stahlsorte, das Gewinnungsverfahren und den Behandlungszustand berücksichtigen, zum Beispiel für C45 die Werkstoffnummer 1.0503.

Weltweit besteht jedoch keine einheitliche Regelung. So haben beispielsweise Japan mit JIS oder die USA mit ASTM/AISI eigene Standards. Hinzu kommen eigene Markennamen der verschiedenen Hersteller oder traditionelle Handelsbezeichnungen, wie beispielsweise „V2A“. Bei Vergleichen ist insbesondere zu beachten, dass selbst bei übereinstimmender Zusammensetzung deutliche Unterschiede hinsichtlich der Reinheit des Stahls bestehen können, was sich auf seine die Eignung als Schnittwerkstoff auswirkt.

Darüber hinaus hat selbstverständlich auch die Weiterverarbeitung und Wärmebehandlung Einfluss auf die Qualität einer Werkzeug- oder Messerklinge. Es ist deshalb ein Irrtum zu glauben, allein aus der Kenntnis der Werkstoffnummer auf die Eigenschaften einer Klinge schließen zu können. Der Klarheit halber sind in diesem Buch jeweils die prozentualen Legierungsanteile angegeben, soweit verfügbar. Weitergehende Informationen bietet beispielsweise der „Stahlschlüssel“ (www.stahlschluessel.de).

Kohlenstoffstahl

Stahl, der nur Kohlenstoff (0,2 % bis 1,7 %) enthält oder nur wenig legiert ist, wird als Kohlenstoffstahl bezeichnet. In Deutschland kommt er, benannt nach dem Kohlenstoffanteil, als C45, C70, C90 und so weiter in den Handel. Dieser klassische Stahl für Schneidwerkzeuge ist nicht rostfrei. Bei der Wärmebehandlung (Aufheizen, Abschrecken, Anlassen) bildet er ein sogenanntes „Martensit“ Gefüge aus, das eine hohe Härte besitzt.

Signifikante Unterschiede in der Korngröße werden bei diesem Querschnitt durch eine 2-Lagen-Klinge deutlich (100-fache Vergrößerung).
Links: Kohlenstoffstahl (Hitachi Shiro Gami, 1,2 % Kohlenstoff, etwa 62 HRC).
Rechts: Ungehärtetes Eisen.

In 1.000-facher Vergrößerung erkennt man die feine, nadelige Martensitstruktur beim Shiro-Gami-Stahl, eine Voraussetzung für eine geschlossene und möglichst glatte Schneidkante.

Unter Martensit versteht man eine feinkörnige, nadelförmige Gitterformation des Stahls, die durch rasches Abschrecken diffusionsfrei gebildet wird. Bis zu einem C-Gehalt von 0,8 %, dem sogenannten „Eutektikum“, werden dabei die Kohlenstoffatome vollständig in das Atomgitter eingebaut. Bei höherem Kohlenstoffstahlgehalt („übereutektischer Stahl“) wird ein Teil des Kohlenstoffs zur Bildung von Karbiden (Fe_3C) herangezogen, die sich nicht im Gitter integrieren. Auf die Schnitthaltigkeit der Schneide können sie sich jedoch positiv auswirken.

Reine Kohlenstoffstähle erzielen die höchste Schärfe, was beispielsweise von den Samuraischwertern eindrucksvoll belegt wurde. Die besten ihrer Art konnten angeblich ein im Bach treibendes Ahornblatt allein durch die Kraft der Strömung durchtrennen. Allerdings sind Kohlenstoffstähle bei Härtegraden über 60 Rockwell C relativ spröde. Deshalb werden sie, vor allem bei japanischen und vereinzelt auch bei skandinavischen Klingen, oft zu einem Laminat mit einem zäheren Stahl oder reinem Eisen verbunden, wobei der Kohlenstoffstahl immer die Schneidkante bildet.

Legierter Werkzeugstahl

Um die Eigenschaften des Stahls zu beeinflussen, werden bei den meisten Schnittstählen für Handwerkszeuge neben dem zum Härten notwendigen Kohlenstoff auch Legierungselemente wie Chrom, Molybdän, Kobalt, Vanadium oder Wolfram zugegeben. Viele dieser sogenannten „Stahlveredeler“ bilden mit dem Kohlenstoff Karbide – sehr harte Partikel, die in der kristallinen Matrix wie Fremdkörper eingelagert sind.

Wenn die Karbide klein genug, gleichmäßig verteilt und in der Matrix fest eingebunden sind, können sie die Standzeit einer Schneide deutlich verbessern, da sie an der Oberfläche wie eine verschleißschützende Mikrozahnung wirken. Wenn sie jedoch zu groß oder ungleich verteilt sind, können diese Gitterstörungen zu Schneidkanten-Ausbrüchen (Scharten) führen oder durch ihre Kerbwirkung sogar das Risiko eines Klingenbruchs erhöhen.

Dieses Problem wird umso größer, je dünner die Schneide ausgeschliffen wird und je kleiner der Fasenwinkel ist. Einer feinen und gleichmäßigen Karbid-Verteilung kommt deshalb eine hohe Bedeutung zu. Sie ist abhängig von der Zusammensetzung des Stahls, der Wärmebehandlung und der Umformung.

HSS-Stähle

Zu den hoch legierten Werkzeugstählen zählt auch der sogenannte „Schnellarbeitsstahl", meist „HSS" (High Speed Steel) genannt. Er enthält bis zu zwei Prozent Kohlenstoff und in der Summe bis zu 30 Volumenprozent Legierungsanteile (Cr, W, Mo, V, Co, Ti), die durch eine spezielle Wärmebehandlung als sogenannte „Sonderkarbide" ausgeschieden werden. Sie machen Schnellarbeitsstähle in hohem Maße verschleißresistent und temperaturfest. Ihre Härte von bis zu 65 HRC halten sie bis zu 600° C Arbeitstemperatur, ohne dabei auszuglühen.

Die Legierungselemente

Chrom (Cr)

Durch Bildung von Chromcarbiden wird die Schnitthaltigkeit und Verschleißfestigkeit erhöht sowie die Härtbarkeit verbessert. Bis 11 % Gewichtsanteil wird Chrom zur Ausbildung von Chromkarbiden „verbraucht", darüber dient es als Korrosionsschutz, weil es an der Oberfläche des Werkstücks eine Chromoxidschicht bildet. Härtbare Stähle ab etwa 13 % Chromanteil gelten als „rostfrei" (richtiger ist es, von „rostträge" zu sprechen) und werden deshalb oft als Koch- und Outdoormesserstähle, für medizinische Geräte etc. verwendet. Die Korrosionsanfälligkeit und Sprödbruchgefahr steigen jedoch mit zunehmendem Härtegrad. Zudem können hohe Chromanteile das Schärfen erschweren, da sie den Schleifstein „zuschmieren" und eine starke Gratbildung bewirken. Rostfreie Stähle kommen deshalb für Holzbearbeitungswerkzeuge kaum zum Einsatz.

Mangan (Mn):

Vermindert den negativen Effekt von Schwefel (siehe rechts), verbessert die Härtbarkeit (Härtetiefe), die Zugfestigkeit, die Schmiedbarkeit und Schweißbarkeit.

Molybdän (Mo):

Verbessert die Feinkörnigkeit und verringert die Sprödigkeit bei legierten Stählen. Molybdän ist ein starker Karbidbilder, erhöht die Verschleißfestigkeit und Zähigkeit, sowie bei rostfreien Stählen auch die Korrosionsbeständigkeit.

HSS-Stähle sind deshalb die am meisten verwendeten Werkstoffe für Bohrer und maschinelle Dreh-, Press- und Umformwerkzeuge. Im Bereich der Holzbearbeitungswerkzeuge kommen Schnellarbeitsstähle vorwiegend für Drechseleisen zum Einsatz, wo sie die klassischen Kohlenstoffstähle weitgehend verdrängt haben. Von Nachteil sind das relativ grobkörnige, heterogene Gefüge, das die Verwendung für manuelle Schnittwerkzeuge mit hoher Schärfeanforderung wie Hobeleisen oder Messer einschränkt. Die Industrie ist bemüht, zunehmend feinkörnigere HSS-Werkstoffe zu entwickeln, die verbesserte Schneideigenschaften aufweisen.

Vanadium (V):
Starker Karbidbilder, erhöht die Anlasstemperatur und damit die Warmfestigkeit. Führt zur Verfeinerung des Korns und Verbesserung der Schweißbarkeit bei höher legierten Stählen.

Nickel (Ni):
Verbessert die Zähigkeit sowohl im hohen als auch im tiefen Temperaturbereich. Ab 7 % Ni zusammen mit mindestens 13 % Cr entstehen rein austenitische, säurefeste und unmagnetische Stähle. Da Nickel jedoch der Martensitbildung und Feinkörnigkeit entgegenwirkt, wird es bei Schnittstählen kaum eingesetzt.

Kobalt (Co):
Dient der Kornfeinung und Erhöhung der Warmfestigkeit, wird bevorzugt bei HSS-Stählen eingesetzt. Kobalt bildet keine Karbide.

Wolfram (W):
Bildet sehr harte Karbide, erhöht die Warmfestigkeit, wird bevorzugt bei HSS-Stählen zugesetzt.

Verunreinigungen:
Im Stahlgefüge kommen immer auch unerwünschte Elemente vor. Als Verunreinigungen gelten vor allem Aluminium (Al), Schwefel (S) und Phosphor (P), die eine starke Affinität zu Eisen haben und nur schwer aus der Schmelze zu entfernen sind. Schon geringste Anteile führen zur Versprödung durch Ablagerungen an den Korngrenzen. Hohe metallurgische Reinheit ($P + S \leq 0{,}03$ %) gilt deshalb als wesentliches Qualitätskriterium für hochwertigen Schnittstahl.

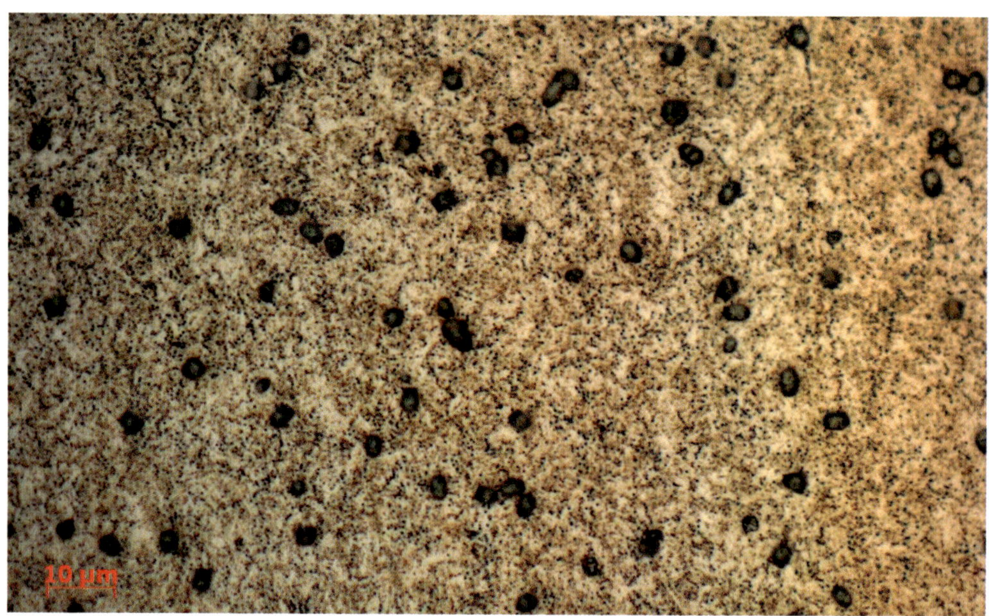

Vorteilhaft: Fein verteilte Wolfram-Karbide einheitlicher Größe in einer martensitischen Matrix bei einem niedriglegierten Werkzeugstahl (Hitachi Ao Gami, C=1,2 %, W=1,8 %, Cr=0,4 %), Vergrößerung 1.000-fach, gehärtet und angelassen.

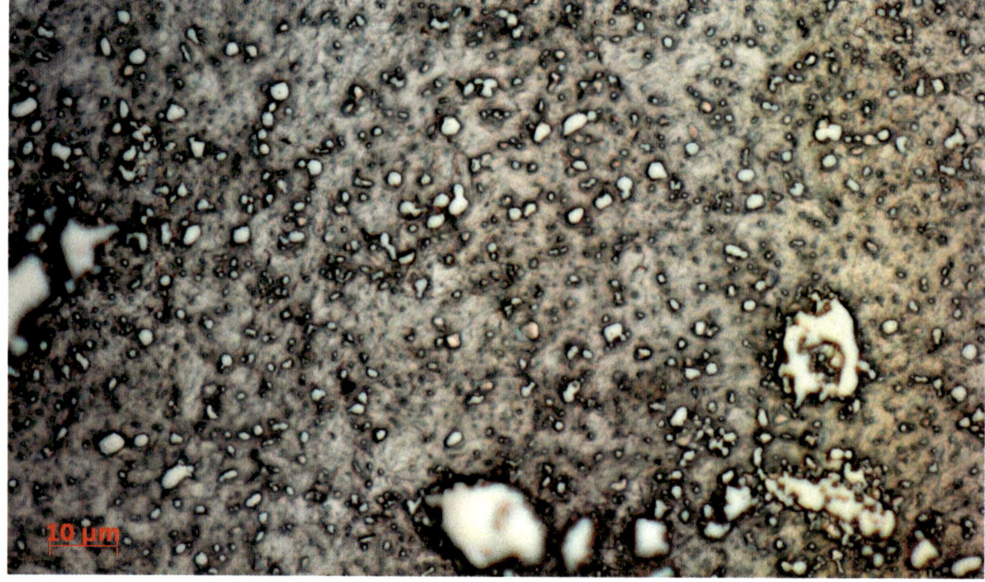

Ungünstig: Grobe Karbid-Ausscheidungen in heterogener Verteilung beim hochlegierten, rostfreien Klingenstahl Hitachi Gin Gami (C=0,9 %, Cr=16 %, Mn=0,6 %, Mo=0,4 %). Vergrößerung 1.000-fach.

PM-Stähle

Für Drechseleisen und Messerklingen kommen zunehmend auch pulvermetallurgisch erzeugte (PM-) Stähle zum Einsatz. Um sie herzustellen, wird Stahlschmelze durch Versprühen in Pulver verwandelt und anschließend mit hohem Druck heißisostatisch zu Halbzeug verpresst (gesintert). Der Vorteil liegt darin, dass man bei der Zusammensetzung freier als beim Legieren im flüssigen Zustand ist, da durch die besondere Abkühltechnik die üblichen Seigerungs- und Entmischungsprozesse nicht auftreten. Man erreicht hohe Härtegrade (bis 70 HRC!) bei relativ guter Zähigkeit und Warmfestigkeit sowie eine gleichmäßige Karbidverteilung. Die kristalline Struktur der PM-Stähle ist jedoch trotz ständiger Weiterentwicklung noch relativ grob und heterogen, wie man am Gefügebild des Hochleistungsstahls SG 2 (Seite 208) ablesen kann.

Damaszenerstahl

Der lebhaft gemusterte „Damaszenerstahl“, kurz auch „Damast“ genannt, erfreut sich vor allem bei Messerklingen größter Beliebtheit. Vereinzelt wird er auch bei anderen Schneidwerkzeugen wie Scheren, Beilen oder Stecheisen eingesetzt. Es ist nötig, den Begriff, der oft pauschal für alle Arten von Mehr-

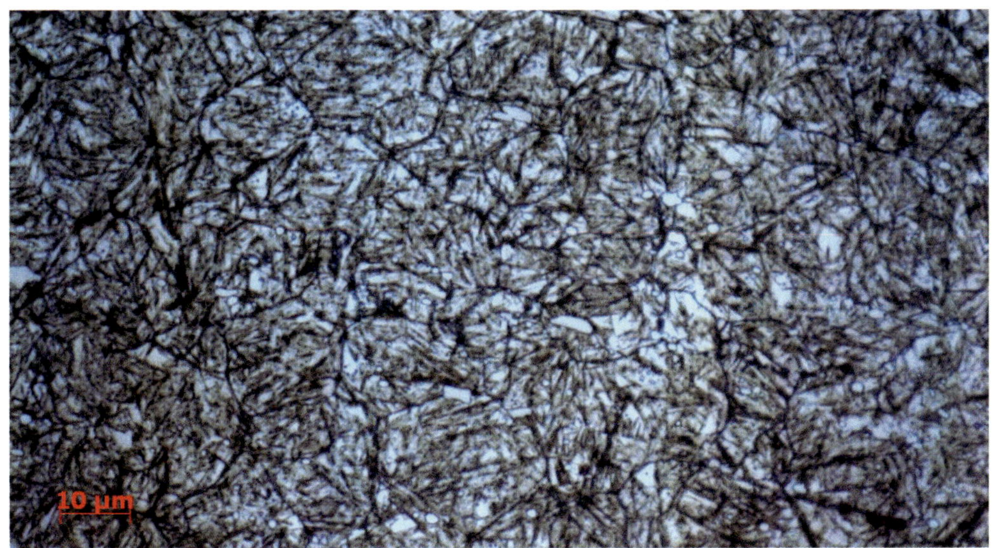

Eine martensitische Struktur mit heterogenen Korngrößen und deutlichen Karbid-Ausscheidungen kennzeichnen das Gefüge dieser Stecheisen-Klinge aus HSS-Stahl (Cr=4,2 %, V=1,2 %, Mn=0,5 %, Mo=1,9 %, W=2,6 %). Vergrößerung 1.000-fach.

schichtstählen verwendet wird, zu präzisieren. Der Name leitet sich von der der Stadt Damaskus ab, dem antiken Handelszentrum für Metalle aller Art. Als Damaszenerstahl bezeichnet man heute zum einen den asiatischen Tiegeldamast, auch Wootz genannt, zum anderen den europäischen Schweißdamast.

Bei der heute verbreiteten Schweißmethode werden mehrere Lagen aus zwei oder mehr verschiedenen Stahlsorten übereinandergestapelt, im Schmiedefeuer miteinander verschweißt, ausgeschmiedet (in die Länge gestreckt), dann gefaltet und wieder verschweißt. So können mehrere hundert oder tausend Lagen entstehen. Durch Torsion (Verdrehung) oder Einkerbungen werden bestimmte Muster gezielt hergestellt. Die Zeichnung des Materials wird schließlich durch Ätzen mit Säure sichtbar gemacht.

Wootz entsteht vollkommen anders: Er wurde in Kleinasien und vor allem Indien in kleinen Tiegeln erschmolzen. Die Muster sind auf Entmischungsvorgänge (sogenannte „Seigerungen") beim Abkühlen des Rohstahls im Tiegel

Interkristalliner Ausbruch an der Spitze einer Klinge aus pulvermetallurgisch hergestelltem SG-2-Stahl (C=1,3 %, Cr=15 %, Mo=3 %, V=2 %) aufgrund des relativ grobkörnigen, heterogenen Gefüges. Vergrößerung 1.000-fach.

zurückzuführen. Dabei kommt es im Luppen-Querschnitt zu unterschiedlich hohen Kohlenstoffanreicherungen und folglich unterschiedlicher Gefügestruktur (Perlit, Austenit, Martensit). Durch wiederholtes Schmieden und Falten des Wootz-„Kuchens" treten die verschiedenen Stahlstrukturen an die Oberfläche, die sich dann als wellenförmige oder arabeske Muster abzeichnen. Auch an der Schneide treten folglich weiche und harte Gefügeanteile abwechselnd auf.

Dem Damast-Boom haben wir auch den Scheindamast zu verdanken. Dabei handelt es sich um einfache Monostahl-Klingen, heute meist chinesischer Herkunft, bei denen das Muster durch Ätzung nur imitiert wird. Ähnliche Verfahren des „Damaszierens" gab es auch in Solingen schon im 19. Jahrhundert.

Bei den japanischen Mehrschichtstählen (*suminagashi*) wiederum wird als Schneidlage immer eine (sehr harte) Monostahlschicht in einem Klingengrundkörper eingebettet, der eine dem Damaszenerstahl vergleichbare Struktur aufweist.

11.3 Die Wärmebehandlung

Um Stahl zu härten, wird er auf eine bestimmte Temperatur erhitzt (die sogenannte Austenitisierungstemperatur, je nach Stahltyp 750° bis 1.000° C) und dann in einem Medium (Öl, Wasser oder Luft) abgeschreckt. Dabei wird die für die erhöhte Temperatur typische Modifikation (Gitterstruktur) gleichsam „eingefroren". Es kommt zu Eigenspannungen im Gitter, die den Verformungswiderstand und damit die Härte des Stahls erhöhen. Zugleich erzeugt das Abschrecken auch ein feines Gefüge, da die einzelnen Kristalle durch die rasche Abkühlung wenig Zeit zum Wachsen haben.

Dabei ist jedoch zu beachten, dass mit zunehmender Härte die Zähigkeit des Stahls (Duktilität) abnimmt. Gleich nach dem Abschrecken ist er deshalb zu spröde, um als Werkzeugklinge brauchbar zu sein. Deshalb erhitzt man die Klinge anschließend erneut, jedoch unter exakt kontrollierten Bedingungen (meist 180° bis 300° C, gehalten über eine definierte Zeit). Bei diesem Prozess, man nennt ihn Anlassen, kann der gewünschte Härtewert, der in der Regel einen Kompromiss zwischen Standzeit und Zähigkeit bildet, genau eingestellt werden. Man muss darauf achten, dass beim Schärfen des Werkzeugs, etwa auf der Schleifmaschine, die Anlasstemperatur nicht überschritten wird, da sich ansonsten die Härte verringert (man sagt, der Stahl „glüht aus").

Bei höher legierten Stählen (HSS) kann durch spezielle Wärmebehandlungsmaßnahmen die Ausscheidung von Sonderkarbiden und damit eine sogenannte „Sekundärhärtung" herbeigeführt werden.

11.4 Die Härte von Stahl

Die Härte von Schneidwerkzeugen wird üblicherweise in der Einheit Rockwell C (HRC) angegeben. Der Wert wird durch die Messung der Eindruck-Tiefe eines mit zehn Kilogramm belasteten Diamantkegels ermittelt. Übliche Werte sind 56 bis 60 HRC für Kohlenstoff-Monostähle und niedrig legierte Werkzeugstähle, 61 bis 63 HRC für laminierte (japanische) Kohlenstoffstähle, 63 bis 65 HRC für HSS-Stähle, 58 bis 65 HRC für PM-Stähle und bis über 70 HRC für Hartmetalle (gesinterte Werkstoffe).

Es ist zu beachten, dass bei dieser Härteprüfung immer nur die Härte der Matrix (des Gefüges) gemessen wird, nicht jedoch die Härte der eingelagerten Karbide. Die Rockwell-Härteprüfung setzt eine planparallele Oberfläche sowie ausreichende Materialdicke voraus und ist deshalb im Schneiden-Bereich von Werkzeugen meist nicht durchführbar. Hier kann die Härte nur durch eine relativ aufwändige Mikrohärteprüfung oder näherungsweise mit einer Härteprüffeile bestimmt werden.

11.5 Verformung und Bruch

Entscheidend für das Verständnis von Verschleißprozessen bei Schneiden und für die Vorgänge beim Schärfen ist ein Grundwissen um das Verhalten des Stahls bei Belastung. Stahl dehnt sich bis zu einer bestimmten Beanspruchung proportional zur aufgebrachten Kraft elastisch. Das heißt, eine Probe im Zug- oder Biegeversuch nimmt nach Entlastung wieder die ursprüngliche Form an. Dieser elastische Bereich ist im Spannungs-Dehnungsdiagramm durch die sogenannte „Hooksche Gerade“ gekennzeichnet. Die Belastungsgrenze, ab der eine bleibende Verformung eintritt, wird als Streckgrenze bezeichnet.

Bei höherer Belastung verformt sich der Stahl irreversibel (plastisch), um schließlich nach Überschreiten der Maximalspannung, der sogenannten Zugfestigkeit, zu brechen. Die bleibende Dehnung bis zum Bruch nennt man die Bruchdehnung. Dabei gelten vereinfacht folgende Zusammenhänge:

1. Die Streckgrenze ist umso höher, je höher die Härte des Stahls ist.

2. Die Bruchdehnung ist umso geringer, je höher die Härte des Stahls ist. Man spricht in diesem Fall auch von einer geringen Duktilität.

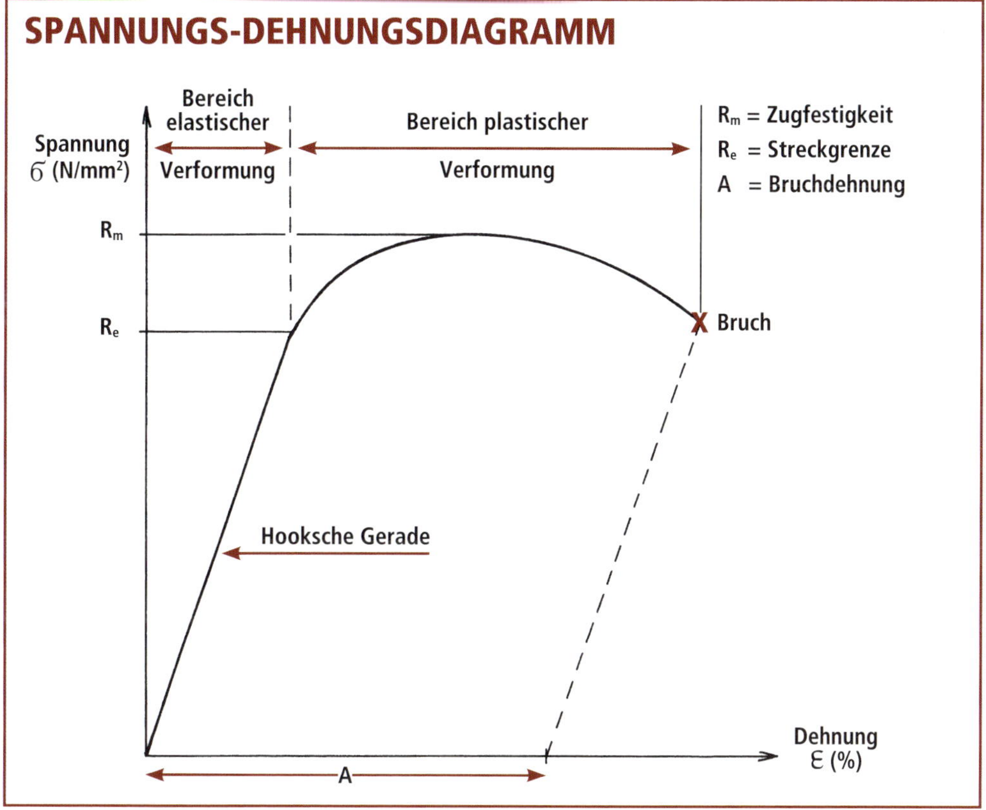

Nur im elastischen Bereich bis zur Streckgrenze kehrt eine Klinge in die Ausgangsform zurück. Bei höheren Belastungen verformt sie sich dauerhaft (plastischer Bereich) oder bricht.

Bei Werkzeug- oder Messerklingen bewegt man sich normalerweise im elastischen Bereich des S/D-Diagramms. Verschleiß ebenso wie Versagen der Schneide ist nichts anderes, als eine Überschreitung der Streckgrenze beziehungsweise der Zugfestigkeit. Daraus resultiert eine bleibende (mikro- oder makroskopische) Verformung beziehungsweise ein Bruch des Werkstoffs, je nach Duktilität des Materials.

11.6 Was passiert beim Schärfen?

Beim Schärfen auf Wassersteinen wird mit dem Schleifmittel Material abgetragen. Es handelt sich also um einen Zerspanungsvorgang, bei dem der Stahl lokal über die Streckgrenze hinaus belastet wird. Mikroskopisch betrachtet ergeben sich daraus zwei bemerkenswerte Effekte: Gratbildung und Mikroverzahnung.

Gratbildung

Beim Abscheren der Späne tritt zugleich eine bleibende plastische Verformung an der Schneide auf, es bildet sich ein sogenannter Grat. Die Gratbildung ist umso ausgeprägter, je höher die Duktilität des Stahls, je stärker der Abtrag und je höher der beim Schärfen angewandte Druck ist.

Allerdings wird auch bei sehr feinkörnigen Schleifsteinen und geringem Druck noch ein minimaler Grat aufgeworfen, selbst wenn er visuell und manuell (mit der Fingerkuppe) nicht mehr wahrnehmbar ist. Bis auf wenige Aus-

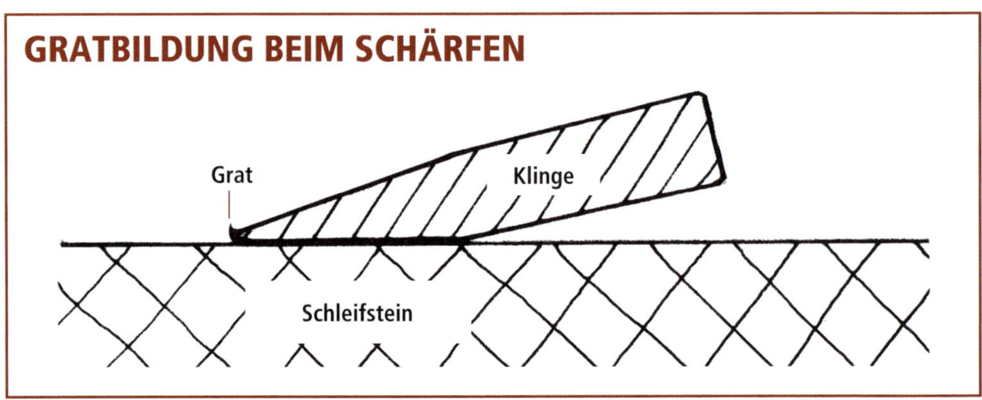

Beim Schärfen von Stahlklingen wird immer ein Grat aufgeworfen.

Mikroverzahnung und Grat nach dem Schärfen (links) und dem Abziehen (rechts) (schematisch).

nahmen (beispielsweise Schaber) ist die Gratbildung eine ebenso unerwünschte wie unvermeidbare Nebenerscheinung beim Schärfen. Ein sorgfältiges Entgraten nach dem Schärfen, im Allgemeinen als „Abziehen" bezeichnet, ist entscheidend für die Standzeit und Schärfe einer Schneide.

Mikroverzahnung

Wie fein der Stein auch sein mag – wir bekommen bei der Bearbeitung nie eine perfekt glatte, sondern mikroskopisch betrachtet eine mehr oder minder raue Schneidkante. Diese „Mikroverzahnung" hängt einerseits von der Körnigkeit des Steins, andererseits von der Kristallstruktur des Stahls ab.

11.7 Was passiert beim Abziehen?

Die beim Schärfen gebildete Mikroverzahnung so gut wie möglich zu glätten und zugleich den vorhandenen Grat „aufzustellen", ist das Ziel beim Abziehen. Die dazu häufig empfohlene Anwendung eines Leder-Streichriemens oder eines Streichstahls reicht dazu nicht, da kein Abtrag erfolgt (siehe Kapitel „Schärfmittel"). Um die Schneide zu glätten, müssen wir erneut ein Schleifmittel einsetzen. Wir verwenden dazu am besten einen feinkörnigen Abziehstein. Mit ihm wird zum einen die Rautiefe verringert und zum anderen der noch vorhandene Mikrograt aufgerichtet. So erzeugen Sie wieder eine geschlossene Schneidkante mit optimaler Standzeit!

INDEX

GLOSSAR

Anlassen: Abbau der Eigenspannungen nach dem Härten durch kontrolliertes Erhitzen.

Ao Gami (jap.): Blauer Papierstahl (Hitachi-Kohlenstoffstahl).

Ara toishi (jap.): Grobe Schleifsteine

Austenit: Grobkörnige Gitterformation beim Stahl (Eisen-Kohlenstoff-Mischkristall), nicht magnetisch, weicher als Martensit.

Awaswe-do (jap.): Feiner Abziehstein.

Belgischer Brocken: Natur-Abziehstein aus den Ardennen.

Blauer Thüringer: Feinkörniger Naturabziehstein.

Binsui-to (jap.): Natur-Schleifstein.

Bombierung: Konvexe Wölbung der Schneidenlinie bei einem Hobeleisen zur Vermeidung von Riefen.

Bruchdehnung: Bleibende Dehnung beim Zugversuch.

Crowning Plate: Diamant-Schärfblock mit leichter konkaver Wölbung speziell für Putz-Hobeleisen, erfunden von Toshio Odate.

Coticule: Gelber Belgischer Brocken von feiner Qualität.

Damaszenerstahl: Nach der Stadt Damaskus benannter Stahl mit auffälligem Muster, auch „Damast" genannt.

Doppeleisen: Hobeleisen mit Spanbrecher.

Doppelhobel: Hobel, der mit einem Doppeleisen ausgestattet ist.

Dozuki (jap.): Einseitig verzahnte Säge, mit Rücken.

Eigenspannungen: Innere Spannungen im Klingenwerkstoff, die einerseits für Härte sorgen, andererseits Verzüge verursachen können.

Gefüge: Kristalline Struktur des Stahls.

Gin Gami (jap.): Silberner Papierstahl (rostfreier Hitachi-Stahl).

Gosauer: Nach dem gleichnamigen Ort benannter Stein aus dem Dachsteingebiet.

Honen: Feinbearbeitungsverfahren zum Glätten von Oberflächen mittels gebundener Schleifmittel (Honsteine).

HSS: Abkürzung für High Speed Steel, zu Deutsch Schnellarbeitsstahl. Warmfester und sehr verschleißbeständiger Stahl, vorwiegend für Maschinenwerkzeuge.

Kaltverfestigung: Erhöhung der Zugfestigkeit und zugleich Kornfeinung durch Umformung des Metalls im kalten Zustand (unterhalb der Rekristallisationstemperatur).

Karbide: Sehr harte (keramische) Partikel im Stahlgefüge, Verbindungen aus Kohlenstoff und Metalle, beispielsweise Eisenkarbide, Chromkarbide, etc.

Karborund: Siliziumkarbid-Schleifpartikel.

Kataba (jap.): Einseitig verzahnte Säge, ohne Rücken.

Keshiki (jap.): Japanisches Streichmaß.

Kluppe: Einspannvorrichtung für Sägeblätter oder Ziehklingen.

Kogatana (jap.): Japanisches Furnier- oder Schnitzmesser.

Korngröße: Mittlere Größe der Kristallite in der Stahlstruktur.

Korund: Aluminiumoxid-Schleifpartikel.

Läppen: Feinbearbeitungsverfahren zum Glätten von Oberflächen mittels loser Schleif- oder Poliermittel.

Luppen: Roheisenblock.

Martensit: Feinkörnige Gitterformation beim Stahl (Eisen-Kohlenstoff-Mischkristall), die durch Abschrecken beim Härten gebildet wird.

Metate shokunin (jap.): Japanischer Sägenschärfer, macht auch Reparaturen.

Mikrofase: Zweite, sehr schmale Fase, in einem etwas stumpferen Winkel als die Primärfase angeschliffen.

Nagura (jap.): Feinkörniger, japanischer Abziehstein. Wird auch zum Auffrischen zugesetzter Schleifsteine und zur Herstellung einer Politurpaste verwendet.

Naka toishi (jap.): Mittlere Schleifsteine.

Noko giri (jap.): Japanische Säge.

Nomi (jap.) Japanische Stech- beziehungsweise Stemmeisen.

PM-Stahl: Pulvermetallurgisch hergestellter, sehr verschleißfester Stahl.

Rautiefe: Maß für die Rauheit einer Oberfläche.

Rockwell: Internationale Maßeinheit für Härte bei Vergütungsstählen.

Rozsutec: Natur-Abziehstein aus der Slowakei.

Ryoba (jap.): Doppelseitig verzahnte Säge.

Seigerung: Entmischungvorgang beim Abkühlen einer Schmelze.

Shiage toishi (jap.): Feine Schleifsteine.

Shiro Gami (jap.): Weißer Papierstahl (Hitachi-Kohlenstoffstahl).

Silberlinie: Bei direkter Draufsicht silbrig reflektierende Schneidkante, zeigt eine noch mangelhafte Schärfe an.

Toguso (jap.) Politurpaste, durch Reiben eines Nagura-Steins auf einem Schleifstein hergestellt.

Ura (jap.): Hohlschliff auf der Spiegelseite von japanischen Stech- oder Hobeleisen.

Ziehender Schnitt: Verkleinerung des effektiven Fasenwinkels und damit der Schnittkräfte durch schräge Führung des Schnittwerkzeugs.

QUELLENVERZEICHNIS

(1) Roman Landes: Messerklingen und Stahl, Wieland Verlag, 2002.
(2) Toshio Odate: Die Werkzeuge des japanischen Schreiners, Vincentz Network, 2006.
(3) Leonard Lee: The Complete Guide to Sharpening, Taunton, 1995.
(4) Jim Kingshott: Sharpening – The Complete Guide, Guild of Master Craftsman Publications, 1994.
(5) Hans-Tewes Schadwinkel, Günther Heine: Das Werkzeug des Zimmermanns, Th. Schäfer, 1994.
(6) Günther Heine: Das Werkzeug des Schreiners und Drechslers, Th. Schäfer, 1990.
(7) Thomas Lie-Nielsen: Schärfen, Grundlagen, Techniken, Ausrüstung, Vincentz Network, 2010.

BEZUGSQUELLEN

Dictum GmbH, www.mehr-als-werkzeug.de
Dieter Schmid, www.feinewerkzeuge.de
Magma GmbH, www.magma-tools.de
Johann Tremml, www.ashley.de
Markus Prömper, www.shokunin.de
Philipp Hauffe, www.angele.de

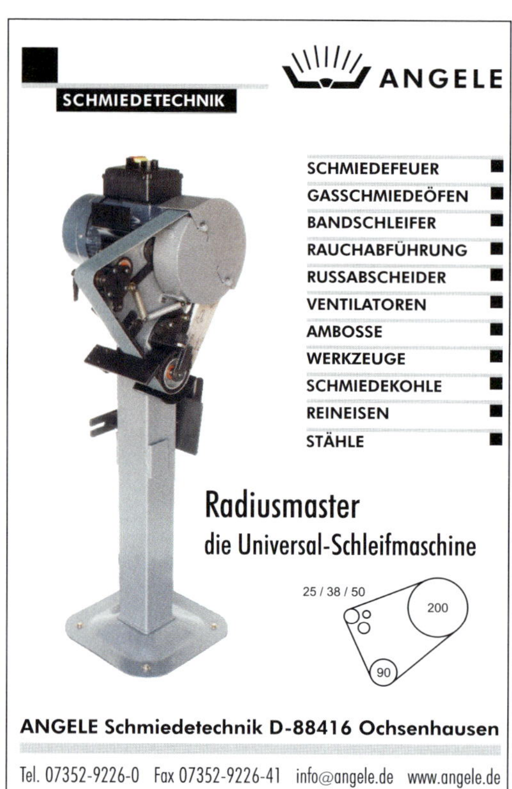
SCHMIEDETECHNIK
ANGELE
SCHMIEDEFEUER
GASSCHMIEDEÖFEN
BANDSCHLEIFER
RAUCHABFÜHRUNG
RUSSABSCHEIDER
VENTILATOREN
AMBOSSE
WERKZEUGE
SCHMIEDEKOHLE
REINEISEN
STÄHLE
Radiusmaster
die Universal-Schleifmaschine
25 / 38 / 50
200
90
ANGELE Schmiedetechnik D-88416 Ochsenhausen
Tel. 07352-9226-0 Fax 07352-9226-41 info@angele.de www.angele.de

Gunther Löbach
DAMASZENER
STAHL
Theorie und Praxis
Praxis-Tipps
MIT
POSTER
für den Schmied

Immer scharfes Werkzeug!
www.feinewerkzeuge.de
NERO
Bei Dieter Schmid finden Sie:
Japanische Schleifsteine
Missarkasteine
Diamantschleifsteine
Schleifhilfen für Stemmeisen & Hobeleisen
Schleifsteinhalter
Schleifsteinabrichtmittel
Schleifmaschinen
Fast alles am Lager, Lieferung sofort!
Dieter Schmid Werkzeuge GmbH
Wilhelm-von-Siemens-Straße 23
12277 Berlin
Tel: (030) 342 1757
www.feinewerkzeuge.de

John D. Verhoeven
STAHL-METALLURGIE FÜR EINSTEIGER
320 Seiten, 160 x 230 mm, Hardcover
ISBN 978-3-9808709-50-7
EUR 39,90

Alles was Sie schon immer über Stahl wissen wollten, erfahren Sie in diesem Standardwerk der Stahl-Metallurgie. John D. Verhoeven nimmt Sie mit in die Tiefen der Stahlkunde und vermittelt Ihnen ein umfassendes und tiefgehendes Verständnis für die komplizierten Zusammenhänge. Er geht auch auf die besonderen Anforderungen von Messerklingen und Schneidwerkzeugen ein. Er hat jahrzehntelang mit Klingenschmieden zusammengearbeitet. Über 200 Schaubilder und Tabellen runden dieses einmalige Buch ab. Bestell-Nr.

MESSERSCHEIDEN BAND 2
144 Seiten, zahlr. farb. Abb. und Grafiken, Format 160 x 230 mm, Softcover mit Spiralbindung
ISBN 978-3-9808709-37-8 **EUR 29,80**

David Hölter zeigt, wie man eine Lederscheide in Rahmenbauweise für ein feststehendes Messer entwirft und anfertigt.
Zwei Messerscheiden werden ausführlich dargestellt:
- Rahmengenähte Scheide mit aufgesetzter Gürtelschlaufe
- Rahmengenähte Scheide mit Gürtelclip und Sicherungslasche

Jeder Schritt wird in Wort und Bild erläutert.

MESSERSCHEIDEN BAND 3
160 Seiten, zahlr. farb. Abb. und Grafiken,
Format 160 x 230 mm, Softcover mit Spiralbindung
ISBN 978-3-9808709-67-5 **EUR 29,80**

David Hölter zeigt zwei weitere Lederscheiden in Rahmenbauweise:
- Rahmengenähte Scheide mit separatem Mexican Loop
- Rahmengenähte Scheide mit Druckknopfverschluss

Jeder Schritt wird in Wort und Bild verständlich erklärt. Zu jeder Scheide finden Sie auch ein Schnittmuster als Vorlage. Eine allgemeine Einführung in Materialien und Werkzeuge rundet diesen Band ab.